# 基于过程控制的电网在建工程项目动态管控

康 辉 牛东晓 著

U0199783

中国电力出版社
CHINA ELECTRIC POWER PRESS

## 内 容 提 要

由于电力建设项目类型众多,具有多元化的投资主体,项目规模差异大;受到多种不同因素的制约,项目管控难度大;参与项目的建设单位和管理部门多,组织协调工作难度大,因此,本书开展了基于过程控制的电网在建工程项目动态管控研究,重点分析电网建设项目在施工阶段的动态评价与管控问题,旨在对科学安排项目建设时序、加快工程进度、实现闭环管理、提高精益化水平等提出一定的参考与建议。

本书适合从事电力工程项目管理领域的管理和技术人员参考使用,也可以作为相关电力、工程、经管学科研究生学习和研究的参考用书。

**图书在版编目(CIP)数据**

基于过程控制的电网在建工程项目动态管控 / 康辉,牛东晓著 . —北京:中国电力出版社,2020.8

ISBN 978-7-5198-4696-1

Ⅰ.①基…  Ⅱ.①康…②牛…  Ⅲ.①电网—电力工程—工程施工—动态管理—研究—中国  Ⅳ.① TM727

中国版本图书馆 CIP 数据核字(2020)第 100182 号

---

出版发行:中国电力出版社

地　　址:北京市东城区北京站西街 19 号(邮政编码 100005)

网　　址:http://www.cepp.sgcc.com.cn

责任编辑:石 雪　高 畅

责任校对:黄 蓓　于 维

装帧设计:郝晓燕

责任印制:钱兴根

---

印　　刷:三河市百盛印装有限公司

版　　次:2020 年 8 月第一版

印　　次:2020 年 8 月北京第一次印刷

开　　本:710 毫米 ×1000 毫米　16 开本

印　　张:4.75

字　　数:72 千字

定　　价:25.00 元

# 前　　言

近年来，我国市场经济快速发展，国民生活水平日益提高，各行业的商业用电及居民生活用电需求剧增，电力基建规模逐步扩大，基建项目数量不断增加。电网基础建设工程项目属于具有前瞻性特点的资本密集型项目，具有投资金额巨大、建设时间长、投资回收期较长、投资转移性差等特性，且电力建设项目管理面临投资主体多元化，项目类型多样化，规模差异大，项目管控难度大，组织协调工作难度大等问题。目前电网在建工程项目管理总体上还比较粗放，在建设工程项目实施阶段存在只重工程建设、轻视项目管控的问题，缺乏对在建工程项目进度实施全面、有效的跟踪管控，多发生项目超支串项、物资不到位、施工进度严重滞后等情况。现有的项目管理模式和过程管控机制已不能满足经济发展新常态、精益管理新要求。

电网在建工程项目动态管控就是改变较为粗放的传统电网建设工程项目管理方式，抓住细节问题，从在建工程项目成本管理、进度管理、质量管理、变更管理、物资供应管理、安全管理和组织管理等各个方面进行管控，避免小问题堆积成较大误差进而影响施工的情况发生，提高在建工程项目管理的精益化水平。

本书以电网在建工程项目为研究对象，重点分析电网建设项目在施工阶段的动态评价与管控问题，在电网在建工程项目管控关键节点及影响因素分析的基础上，构建基于过程控制的电网在建工程项目多节点动态管控模型，并进行模型应用分析。首先，本书从过程控制、动态管控和综合评价三方面介绍了电网在建工程项目动态管控的相关理论及方法。其次，梳理分析了电网在建工程项目管控的关键节点；再次，采用鱼骨图方法识别分析了电网在建工程项目管控影响因素，结合过程控制理论思想，构建了基于过程控制的电网在建工程项目多节点动态管控模型，从事前预警、事中监控、事后评价三个管控维度分别构建了缺陷动态预警模型，建设、投资与成本进度跟踪管控模型和阶段动态考核评价模型；并采用雷达图分析法对多节点动态管控结果进行反馈分析，实现闭环管理。最后，以天津电网的 A 工程为例，对构建的基于过程控制的电网在建工程项目多节点动态管控模型进行了应用分析。

在本书的编写过程中，华北电力大学宋晓华老师、祝金荣老师、张福伟老师、王永利老师，北京工业大学嵇灵老师给予了大力帮助，国网北京经济技术研究院有关部门也提供了相关材料和大力支持，在此一并表示感谢。

本书的出版受到教育部哲学社会科学重大课题攻关项目（18JZD032）、高等学校学科创新引智计划（B18021）以及新能源电力与低碳发展研究北京市重点实验室等的资助，在此表示衷心感谢。

由于时间仓促，加之作者水平及经验有限，书中疏漏欠妥之处在所难免，恳请读者批评指正。

编 者

2020 年 5 月

# 目　　　录

# 第1章　电网在建工程项目管控相关理论及方法

电网在建工程项目动态管控是基于过程控制的思想，结合动态管控的原理，以综合评价方法为主要管控手段进行的模型构建。本章分别从过程控制理论、动态管控理论、综合评价方法三个方面对电网在建工程项目管控的相关理论进行梳理和总结，为后续电网在建工程项目动态管控模型的构建奠定理论基础。

## 1.1　电网建设工程项目管理理论概述

管理是指为达到一定的目的，管理者对管理的对象所进行的计划、组织、协调、控制等一系列活动。项目管理起源于第二次世界大战后期。到 20 世纪 60 年代至 70 年代，项目管理发展到了现代项目管理新阶段，项目管理的应用范围得到了扩大，项目管理的内容得到了极大丰富。随着信息时代的到来，项目管理的应用已扩大到各个领域。而工程项目管理是项目管理的一个重要分支，其管理对象为工程项目，是一个组织为到达预期的工程项目管理目标，在特定条件下，充分利用有限的资源，按照一定的程序进行的一系列综合的、系统的、有组织性的工程管理活动。该管理活动将掌握的实际情况与预测目标进行对比，对工程项目进行及时调整和控制，使得目标活动按照预定的方向发展并且最终实现预期目标。

在工程建设项目领域中，项目管理方法已被广泛应用于实际项目建设当中。20 世纪 50 年代以来，我国在工程建设领域已经积累了丰富的工程实践经验和理论。电网建设工程项目管理研究主要集中在电网建设工程项目进度管理、造价管理、投资管理、风险管理等方面。

1. 项目进度管理

项目进度管理是指在项目的具体实施过程中，对各阶段的进展程度以及最终完成时限进行的管理。项目进度管理除了包括对实际建设进度的管控外，还

1

包括对投资完成进度、成本入账进度等方面的管控，它是开展电网建设工程项目全过程管理的立足点，对于电网建设工程项目实施有举足轻重的作用。项目进度管理采用的主要技术包括横道图法（甘特图法）、S形曲线法、关键路径法、挣值法、网络计划技术等。

2. 项目造价管理

项目造价管理是指采用一定的技术手段对工程造价进行管理，解决建设工程项目实施过程中的工程造价确定、控制等实际问题，在合理投入人力、财力和物力的基础上实现建设工程项目效益最大化的全部组织活动。

3. 项目投资管理

项目投资管理是指在完成工程进度与质量标准达标的情况下，将建设工程项目的投资控制在批准估算限额范围内，在发生投资偏差时及时进行纠正，从而实现工程投资效益最大化。

4. 项目风险管理

项目风险管理是指采用风险识别、风险分析和风险评价等方法识别工程项目风险，合理地使用各种风险应对措施、手段等有效地控制项目的风险，以最低的成本确保项目总目标实现的过程。

随着电力行业精细化管理要求的逐步提高，创新并良好的应用项目管控方法，深入分析电网在建工程项目过程管理中存在的诸多问题，高效率地完成电力建设工程进度计划安排，建立具备高适用性的电网在建工程项目动态管控机制，对提升电网公司在建工程项目管控能力具有十分重要的意义和实际应用价值。

## 1.2 过程控制理论概述

控制是指为了实现既定的预期目标，组织在控制对象实施过程中利用一系列的方法与手段，及时收集、检查控制对象的实施情况信息，将其与事先拟定的计划进行对比，若发现偏差，则分析偏差产生原因，并及时进行偏差纠正，以保证预期目标顺利实现的整个过程。

常见的控制模型有三种：第一种为前馈控制或事先控制，该控制进行于行动开始之前；第二种为过程控制或事中控制，该控制进行于行动进行之中；第三种为反馈控制或事后控制，该控制进行于行动结束之后。

1. 前馈控制

前馈控制是利用预先拟定的控制措施不断对系统进行调整和引导，使之达到预期理想状态的过程。前馈控制基于系统的输入信息和外部变化信息，分析输入变量和系统外部因素干扰之间的相互作用，预测其对控制系统的影响和控制系统运行可能出现的偏差，并根据此偏差结果对控制系统的输入进行重新调整。控制思路如图 1-1 所示。

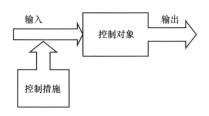

图 1-1　前馈控制图

前馈控制的纠偏措施属于事先预防模式，此模式可以在一定程度上减小时间滞后作用带来的损失。它是在实施过程的输入环节中发挥作用，是对控制对象的影响因素进行控制。在前馈控制的过程中，准确预测控制对象可能出现偏差的原因、大小、严重程度等是此过程的关键，由于一般情况下一个控制对象往往受到多个变量和干扰因素的影响，因此控制工作难度较大。

2. 过程控制

过程控制首先需要对控制系统的全部过程进行逐一分解，然后依据分解的各个过程与每一分解阶段的特点，对其分别进行控制。分解的每个阶段都不可或缺，必须一环接一环，依据各个阶段的重要程度采用不同的控制措施，对关键阶段需要进行重点控制，从而实现对控制系统的全过程控制。控制思路如图 1-2 所示。

3. 反馈控制

反馈控制主要通过对控制对象过程的输出进行分析和调整，将其作为同一过程的输入，通过信息反馈来触发动作，从而形成一个完整的信息回路。控制思路如图 1-3 所示。

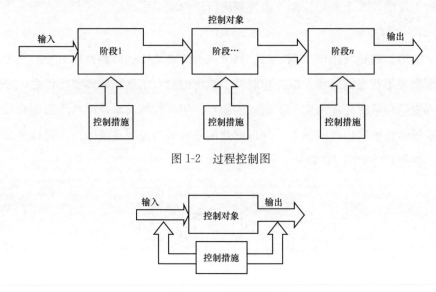

图 1-2  过程控制图

图 1-3  反馈控制图

反馈控制是通过不断的信息反馈和调节对系统进行控制的，只有当反馈调节的速度快于控制对象的变化速度时才能得到较好的控制效果。然而，在实践过程中，由于待控制对象差异性巨大，且内外部环境较为复杂，很难完全得到控制对象的实时信息，实现实时控制。此外，存在的一定滞后现象也将影响反馈控制的有效性。而且，反馈控制为事后控制，当控制对象的实际情况和目标发生偏差时才能采取纠偏措施，因此，该控制无法提前预防问题的发生，减少不必要的损失。

电网在建工程项目的过程控制是指为实现既定的电网工程建设目标，采用一系列技术措施对项目实施过程中的工作活动进行控制，确保电网在建工程项目的实际情况与相关建设管理标准一致的过程。电网在建工程项目的过程控制是十分复杂而系统的控制过程，主要包括电网建设工程项目在工程开工、施工、安装和调试等阶段的整个过程、不同阶段的系统控制，控制要素涵盖了施工及管理人员、工程材料、机械设备、工艺方法、施工条件等诸多元素。

# 1.3 动态管控理论概述

1. 动态管控的概念

动态管控理论是基于信息论、系统论、控制论、运筹学等理论发展而来的综合性项目管理理论。动态管控与传统项目管理存在一定的差异，主要表现在：第一，管理目标不同，传统项目管理仅实现单一项目的最优化，而项目动态管控的最终目标是实现全部项目的总体最优；第二，管理范围不同，项目动态管控是基于项目全部生产要素的动态组合，对项目全过程进行的动态管理，进行资源配置优化；第三，管理对象不同，项目动态管控可以实现对多项项目的并行管理。

2. 动态管控的原理

项目动态管控是以项目为对象，按照项目管理的需求对企业内的各个生产要素进行组合优化，基于项目的实际情况不断调整企业内部的各项管理职能，结合动态的控制方法和组织形式对项目实施过程进行管控，形成生产要素最优组合，实现效益最大化。动态管控理论重点研究了项目实施过程中的运行和动态管理机制，以期揭示项目实施过程中的内在规律和特点，实现项目管理和企业内部管理的动态有效融合。

动态管理的重点在于控制。动态管理的原理是采用统计分析、预测预警、对比优化、管理控制等一系列的方法与手段，对工程项目的实时进度数据进行跟踪管控，将其与事先拟定的计划进度进行对比分析，经分析判断是否存在偏差，若存在较大偏差，则通过制定的控制措施，将偏差控制在合理的偏差范围之内。动态管控原理如图 1-4 所示。

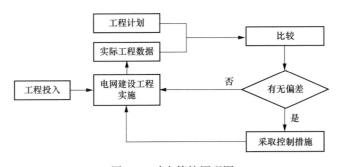

图 1-4　动态管控原理图

3. 动态管控的特征

动态管控有以下四个方面的基本特征。

（1）动态管控是一种过程管理。一般而言，工程项目的投资规模较大，项目实施过程中需要不断地投入人力、物力、财力等，一旦实施过程中出现重大问题或偏差，将会给投资者带来巨大损失。因此，为了确保工程项目的成功建设，需要对工程项目实施阶段的各个关键节点进行过程管控。

（2）动态管控是一种目标控制。动态管控的重点在于控制与协调，因此事先制定好项目的管控目标是动态管控的前提。动态管控以预设的管控目标为控制标准，对影响项目目标计划实现的因素进行识别与分析；以控制为手段，对项目的实施情况进行监控，将实际情况与目标进行对比，发现偏差，分析偏差产生原因，并采取相应的控制措施。

（3）融合多个管控模型。在项目动态管控中，对项目管控影响因素进行识别、对项目缺陷进行事先预警、对工程进度进行跟踪管控、对工程实施状态进行考核评价，对管控效果进行反馈分析等均需要一定的模型和方法来实现，因此，电网在建工程项目动态管控融合了多个管控模型，包括缺陷动态预警模型，建设、投资与成本进度跟踪管控模型以及阶段动态考核评价模型。

（4）实现动态反馈分析。动态管控基于工程项目实际情况，融合多个管控模型和方法，对项目管控的各个阶段各个关键节点进行实时动态控制，并通过建立的反馈分析机制构成闭环管理。

## 1.4 综合评价理论概述

综合评价方法，是一种基于待评价对象相关信息的整合分析，采用数学模型对目标评价对象进行合理评价的方法。常用的综合评价方法主要包括层次分析法、主成分分析法、数据包络法、理想点法（Topsis）、模糊综合评价法、灰色综合评价法以及智能综合评价法等。

1. 层次分析法

层次分析法的原理是：首先将复杂的多目标决策问题看作一个系统，其次将待评价对象划分为目标层、准则层和次准则层三个层次，然后通过专家评判等方法将定性指标量化，从而算出各层次的权重以及综合权重。

2. 主成分分析法

主成分分析是用于有效处理多变量高维复杂问题的一种多元统计方法。在实际问题研究过程中，常常存在着具有诸多指标的决策问题，而这些指标之间可能存在一定的相关性，因此容易导致问题分析过程的复杂化，甚至可能因为共线性而得出完全错误的研究结论。因此，主成分分析法常常用来解决这一问题。该方法就是对原始的存在一定相关性的多个指标进行提炼，并合成一组相互独立的综合性指标，从而在不丢掉重要信息的前提下避免共线性问题，便于进一步研究分析。

3. 数据包络法

数据包络分析是一种以运筹学为基础的可用于评价多个决策单元多投入多产出相对效率的评价方法。数据包络分析方法是利用已知的投入产出数据，确定目标函数和约束条件，采用单纯形法求得评价结果，并对各个 DMU 是否为 DEA 进行有效判断。

4. Topsis 法

Topsis 法又称理想点排序法，它是一种对多个评价对象与理想目标之间接近程度进行排序的多目标决策方法。Topsis 法将评价指标分为成本型指标和效益型指标，负理想解是成本型指标的最大化描述，正理想解是效益型指标的最大化描述。评价对象与负理想解贴近度越小，与正理想解贴近度越大，评价结果就越好。

5. 模糊综合评价法

模糊综合评价是运用模糊关系合成原理，将不易定量化、边界模糊不清的因素进行定量，依据多个因素的隶属等级状况判断分析评价对象评价结果的一种方法。模糊综合评价的原理是：首先确定被评判对象的因素集和评价集，再确定各个因素的权重及其隶属度向量，从而获得模糊评判矩阵，最后对指标权重和评判矩阵进行模糊运算得到模糊评价结果。目前，模糊综合评价模型在电力综合评价领域具有比较广泛的应用。

6. 灰色综合评价方法

灰色系统理论最早来自我国邓聚龙教授在 1982 年研究得到的一种可以

解决"少数据、贫信息不确定性问题"的方法。灰色综合评价是对信息较少、系统因素不完全明确、因素关系不完全清楚的场景进行灰色分析，能处理贫信息系统，适用于只有少量观测数据的项目，包括具有明显的层次复杂性、动态变化的随机性、指标数据的不完全性和不确定性等。灰色综合评价方法的理论模型函数种类多样，灰色三角白化权函数是灰色理论的组成部分。灰色三角白化权函数评价模型主要有两类：一是基于端点混合灰色三角白化权函数评估模型；二是基于中心点灰色三角白化权函数评估模型。其中，前者主要用于各灰类边界清晰，但是可能属于不同各灰类的点不明的情形；而后者主要用于灰类中心点明确，但是可能属于不同各灰色的边界不明的情形。

在电力系统中，尤其是针对电网的评价中，往往一个观测具有多个特征指标，难以进行准确的分类；有些评价对象的指标难以进行量化评价，边界信息不清晰。因此，灰色三角白化权函数评价法较适用于电网在建工程项目的评估。

7. 智能综合评价方法

电力智能综合评价方法可以实现对复杂对象的多因素综合评价。智能综合评价方法通过人工智能算法学习，建立评价指标与评价对象之间的非线性映射关系，在后续评价其他类似问题时，只需输入待评价对象的指标数据，即可得到待评价对象的综合评价值，从而实现自动运算和快速评价。

（1）BP 神经网络。BP 神经网络可以应用于多目标综合评价。使用 BP 神经网络需要大量的样本数据来进行模型训练。输入样本信息后得到模型的实际输出，若实际输出与理想值之间存在误差，则反馈误差并重新修正权重，直至误差达到最小或者达到预设循环次数时停止运行，最后得到最佳的评价结果。使用 BP 神经网络进行综合评价具有计算快速、容错能力强、适应面广的特点，并能通过 BP 神经网络的自学能力动态调整各层指标权值，避免人为赋权的主观随意性。

（2）支持向量机。支持向量机能够在小样本的情况下进行学习训练、建立模型，有收敛速度快、泛化能力好的优点。支持向量机评价模型主要分为三步：模型训练、精度检验和输出评价结果。首先输入样本数据；其次设置模型参数并开始拟合训练；然后输入测试样本，检验模型结果是否达到精度要求，如果满足精度要求，则保存训练模型并输入待评价对象的评价指标值进行评价，从而得到评价结果，反之则需要继续训练直到满足精度要求为止。

8. 评价模型选择

综合评价模型可分为主观评价法与客观评价法，不同的评价方法适用的领域和范围也不尽相同，因此在确定基于过程控制的电网在建工程项目动态管控模型方法时，需要结合评价方法的特点以及电网在建工程项目之间的适用度和匹配度，从而进行选择。

电网在建工程项目动态管控中，工程项目实施数据及资料十分复杂。构建的缺陷动态预警及阶段动态考核评价指标体系中既有定性指标，也有定量指标。如何将工程管理中定性问题转化为定量问题进行分析是电网在建工程项目动态管控过程的前提。专家评判或者专家打分，即电力工程领域的专家通过对现有工程实施状态及信息的掌握程度和专业知识来对待评价在建工程的实际情况进行打分，从而得到定性指标的定量数据。层次分析法同属于主观评价法，可以通过指标标度来比较指标之间的重要性程度，从而获得相对客观的数据。主成分分析法用于待评价对象的原有数据多而杂，需要简化评价指标体系的情况。数据包络法需要输入的较大的数据量从而评价待评价对象的有效性。Topsis法比较适用于指标体系中具有较多定量指标的情况，该方法能够比较客观地对评价对象的优劣并进行排序。模糊综合评价具有较强的适用性，既可以对主观因素进行评价，又可以对客观因素进行评价。灰色综合评价对现有的不完全的信息进行充分有效地利用，从而得出评价对象的评价结果。智能综合评价需要一定的数据量进行训练才能保证结果的精确度，因此不适用于原有数据缺乏的情况。

综上可知，智能综合评价方法、理想点法、数据包络法、主成分分析评价方法等综合评价方法需要大量评价对象数据才能更好进行，而电网在建工程项目拥有的数据资料类型多为工作报告等非结构化数据，不利于定量计算，所以，此电网在建工程项目动态管控模型中适合采用模糊综合评价、端点混合灰色三角白化权理论进行综合评价模型。模糊综合评价方法应用的基础是确定评价指标的权重，层次分析法较为适合。电网在建工程项目动态管控模型中的缺陷动态预警模型需要基于现有的工程数据，从而对在建项目进行缺陷预警评估，因此选用端点混合灰色三角白化权理论比较合适；而阶段动态考核评价模型中定性指标较多，指标也较多，需要从事后考核维度对在建工程项目进行阶段后评价，因此选用模糊综合评价方法较为合适。

# 第2章　电网在建工程项目管控关键节点
# 及影响因素分析

电网工程项目属于具有前瞻性特点的资本密集型项目，具有投资金额巨大、建设时间长、投资回收期较长、投资转移性差等特性。并且，在投资建设周期内，电网工程项目常常受到技术、经济、社会、环境、政治等多方因素的制约，尤其输变电工程项目建设条件复杂多变，因此无论是从技术实施还是项目管理方面，电网工程建设实施都具有很大难度。

电网工程项目建设过程中的影响因素错综复杂，变化速度和程度不一，且对项目建设效果的影响程度也各不相同，这给项目缺陷预警、跟踪管控及阶段考核评价带来了一定的困难。在对电网在建工程项目阶段划分的分析中，发现工程项目的实施阶段，即施工阶段是建设工程项目各个阶段中工作量最大，投入人力、物力和财力最多，制约因素也最为复杂多变的阶段，且该阶段也是工程项目管理中最具难度的。因此，本书选择电网在建工程项目为研究对象，对电网在建工程项目管控影响因素进行了全面地挖掘及分析，为动态管控模型的建立奠定基础。

## 2.1　电网在建工程项目关键节点分析

### 2.1.1　阶段划分

电网建设工程项目建设周期是指从一个电网建设工程项目开始到结束的整个过程，包括了项目按序排列而有时又有交叉的各个子项目、子工程的不同阶段。为了方便电网建设工程项目的项目管理，需要对完整的建设工程项目进行分解，划分成若干个工程项目工作阶段，每一个工作阶段都有一个或多个可交付成果作为该阶段工作完成的标志。

通常，电网建设工程项目建设周期主要划分为前期阶段、准备阶段、实施阶段和投产运营阶段这四个阶段，大多数工程项目建设周期内，工程建设投入皆呈现工程项目初始时期缓慢，后期速度加快，而当工程项目接近结束时又趋于平缓的趋势。

1. 工程项目前期阶段

前期阶段的主要工作包括：投资机会研究、初步可行性研究、可行性研究、评估及决策等。该阶段的主要任务是论证电网建设工程项目投资的必要性、可行性，明确投资时间、建设地点、实施计划安排等重要问题，并进行多种建设方案的比选。工程项目前期阶段的投入虽少，但是该阶段的工作对整个电网建设工程项目的最终项目效益具有十分重要的影响。如果项目前期决策产生重大失误，将会给项目带来巨大的经济损失，甚至导致工程项目搁浅。

2. 工程项目准备阶段

准备阶段的主要工作包括：电网建设工程项目的初步设计、施工图设计，工程建设条件的准备、工程项目征地、主要设备材料的采购，进行工程招标并择优选择工程承包商、与设计单位和承包商等签订工程项目合同等。该阶段是上一阶段投资决策的具体化，将项目投资决策和立项报告落到实处，同时又是下一阶段工程实施的前提与基础。因此，该阶段工作在一定程度上决定了电网建设工程项目实施建设的成败，决定了能否高效率、高效果地达到工程项目的预期目标。

3. 工程项目实施阶段

实施阶段的主要工作包括：电网建设工程项目开工、施工、试生产、竣工验收等。该阶段的主要任务是按照电力工程建设规定规范，组合电网建设工程项目的所有投入要素，优化资源配置，在合理的范围、工期、费用、质量要求内，通过施工、采购等活动形成电网建设工程的实物形态，最终达到电网建设工程项目的投资决策目标。因此，在电网建设工程项目的整个建设周期中，实施阶段的工作量最大，所需投入的人力、物力和财力也最多，项目管控的难度也最大。

4. 工程项目投产运营阶段

从电网建设工程项目管理的角度看，建设工程项目投产运营期间的主要工作有工程的保修、相关售后服务、项目后评价等。其中，建设工程项目后评价是指对已建成投产的工程项目进行评价分析，判断该项目是否达到项目立项时预期的投资目标的过程。它通过对电网建设工程项目实施过程、建成效果等方面进行调研，对比工程项目投资决策时确定的技术、经济、社会、环境等相关指标，判断是否存在偏差，分析偏差产生原因，总结工作经验，汲取工程项目立项、实施、投产等过程中的失败教训，提出解决策略及方案，并将评价结果进行反馈，以此改善后续电网建设工程项目的投资管理和决策，达到提高电网项目投资效益的目的。

### 2.1.2 建设过程关键节点

关键节点指的是位于关键线路两端的节点。明确工程关键节点对解决施工过程中的各类矛盾以及确保工程顺利进行具有重要的意义。按照承担作用的不同，可以将电网建设工程分为变电工程、输电工程、直流线路工程、通信设备工程、换流站工程等。工程主体不同，项目建设过程中的管控影响因素也存在着差异。本书以输变电工程为例，分析在建工程项目建设过程中的关键节点，为后续电网在建工程项目多节点动态管控模型及其实证分析研究提供基础和支撑。

输变电工程包括输电工程和变电工程。输电工程和变电工程的施工基本互不影响，因此在讨论输变电工程关键节点时可以分开讨论，将其分为输电工程关键节点和变电工程关键节点。

经过电网进度规律分析，输变电工程一级网络进度节点见表 2-1。

表 2-1　　　　　　　　输变电工程一级网络进度节点

| 工 程 类 别 | | 节 点 |
|---|---|---|
| 变电工程 | | 工程开工 |
| | | 土建工程 |
| | | 电气安装工程 |
| | | 调试 |
| | | 工程竣工 |
| 输电工程 | 架空线路工程 | 工程开工 |
| | | 基础及接地工程 |
| | | 杆塔组立 |
| | | 架线及保护设施工程 |
| | | 消缺及竣工验收 |
| | | 工程竣工 |
| | 电缆线路工程 | 工程开工 |
| | | 电缆通道 |
| | | 电缆敷设 |
| | | 电缆调试 |
| | | 验收消缺 |
| | | 工程竣工 |

## 2.2　电网在建工程项目管控影响因素识别

电网建设工程项目规模庞大、建设周期长，决定了电网建设工程项目施工及管控受到诸多因素的影响与制约，容易导致计划进度与实际进度产生差异。因此，为了对电网在建工程项目实施阶段的工作进行有效的动态管控，必须于在建工程项目开始实施之前对影响在建工程项目实施进度及管控的所有因素进行识别、分析和判断。这样可有利于事前制定预防措施，事中采取有效应对策略，尽量减小实际工程进度与计划进度的偏差，实现对电网在建工程项目实施进度及状态的主动控制和动态控制。

导致工程实际进度与计划进度产生差异的影响因素可归纳为资金因素、施工环境因素、材料因素、人的因素、技术工艺因素、政治因素、经济和社会因素及其他难以预料的因素等。影响因素鱼骨图如图 2-1 所示。

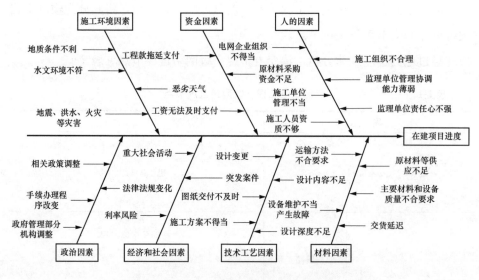

图 2-1　在建工程项目管控影响因素识别鱼骨图

## 2.3　电网在建工程项目管控影响因素分析

影响电网在建工程项目管控的因素复杂多变，有工程项目建设实施方面的

14

原因，有无法人为控制与预测的自然原因，也有参与方之间在相互间配合上的原因，但在建工程实施阶段管控主要影响因素归纳起来可以分为六种：资金保障不足、物资供应进度延迟及质量不合要求、施工条件不利、设计变更、在建工程项目参与方组织不当、其他。

1. 资金保障不足

当项目投入资金不能满足电网在建工程项目的施工进度计划要求时，就会导致拖延支付工程款项，进而影响后续的工程建设计划，如采购原材料的资金不足、工资无法按时支付等将使得项目无法继续施工，后续工作难以开展。

2. 物资供应进度延迟及质量不合要求

主要材料、主体设备等物资的供应进度及质量对工程建设的顺利实施起着至关重要的作用。在实际工程建设中，物资供应方面易存在下列问题：①主体设备、施工原材料的实际供应进度与工程物资供应计划进度不符，交货进度延迟，无法满足生产需要；②主要材料和主体设备的质量不满足工程采购合同的技术要求；③货物运输方式及运力不能满足项目需要。

3. 施工条件不利

实际施工过程中常常会受到诸多不可控因素影响，出现比工程设计中预计的更为恶劣的工程地质条件。这种恶劣的地质条件所造成的不利施工条件，将会严重影响在建工程项目实施进度目标的实现，甚至可能导致重新进行工程设计，编制进度计划。因此必须认真细致地进行工程设计，使得建设工程项目的设计可信可靠，尽可能不出现不利的施工条件。

4. 设计变更

设计变更因素是在建工程项目管控的最大影响因素。当工程设计与施工现场状况不符，或者工程的实际施工条件与工程设计的要求不符、工程设计内容不足、设计深度不够时，则须进行设计变更。而一旦进行设计变更，将会阻碍项目进展或拖延整体的施工进度。

5. 在建工程项目参与方组织不当

在建工程项目任何一个参与方的管理组织不当，不仅会影响其自身的建设进度，还会导致整个建设项目的进度拖延。

（1）来源于业主方面的因素。业主方面工程组织协调能力不足，致使项目各参与方之间出现冲突与矛盾，出现问题也无法及时解决，导致进度计划无法顺利执行。

（2）来源于承包商的因素。工程项目管理人员经验不足、管理水平低，导致工程组织不当，不能按进度计划实施；施工人员的数目、资质、经验、技术水平等不能满足工程施工需求；施工方案、施工工序安排不合理；不能依据实际现场情况及时调配劳动力和施工器具。

（3）来源于监理单位的因素。监理工程师的资质、经验、专业水平等不能满足建设工程监理需求；工程监理的组织协调能力差，责任心不强，不能根据实际现场情况快速采取及时有效的措施以保证工程进度计划的顺利实施。

6. 其他

严重的自然灾害，如恶劣天气、地震、洪水、火灾等，以及各种突发事件、重大的政治活动、社会活动等，这些因素会对工程产生巨大的影响，甚至导致工程的搁浅。

从上述在建工程项目管控主要影响因素的分析可以发现，要想有效地进行在建工程项目管控，就必须全面评估和分析影响项目管控的各种因素及其影响程度，以此作为在建工程项目动态管控的依据和支撑。

# 第 3 章  基于过程控制的电网在建工程项目多节点动态管控模型

本章是在电网在建工程项目管控影响因素识别及分析的基础上，结合过程控制理论思想，构建基于过程控制的电网在建工程项目多节点动态管控模型，采用 AHP-端点混合灰色三角白化权函数、S 形曲线比较法、AHP-模糊综合评价方法，分别从事前预警、事中监控、事后评价三个管控维度分别构建缺陷动态预警模型，建设、投资与成本进度跟踪管控模型和阶段动态考核评价模型，并基于雷达图分析法对电网在建工程项目多节点动态管控结果进行反馈分析。

## 3.1  基于过程控制的电网在建工程项目多节点动态管控模型设计

在前文电网在建工程项目关键节点分析中可知，在电网建设工程项目建设周期中，工程项目的实施阶段，即施工阶段，是电网建设工程项目各个阶段中工作量最大、所需投入最多、制约因素也最为复杂多变的阶段，且该阶段也是工程项目管理中最具难度的。因此，本书以电网在建工程项目为研究对象，重点分析电网建设工程项目在施工阶段的项目评价及管理问题，结合过程控制理论思想，构建基于过程控制的电网在建工程项目多节点动态管控模型（见图 3-1），从事前预警、事中监控、事后评价三个管控维度对电网在建工程项目实施阶段的各个关键节点进行动态管控，并进行管控反馈分析，精准把握各个关键节点的进展情况，提高工程建设管理的精益化水平。模型设计思路如图 3-2 所示。

电网在建工程项目多节点动态管控是一个需要不断进行的动态控制，也是一个由投入、转换、对比、反馈、纠正等步骤组成的有限循环过程，其主要步骤如下：

第一步：确定工程建设管控目标，并基于编制的施工计划，对在建工程施工计划的实际执行情况进行全面的跟踪检查，定期收集整理在建工程项目施工过程的实时数据。

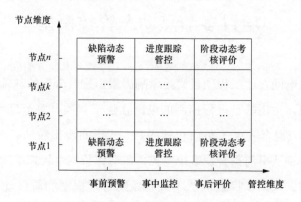

图 3-1　基于过程控制的电网在建工程项目多节点动态管控模型

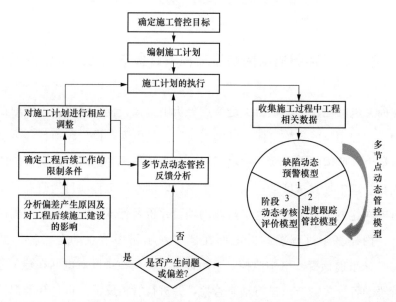

图 3-2　基于过程控制的电网在建工程项目多节点动态管控模型设计思路图

第二步：基于收集施工过程中的工程相关数据，分别采用构建的电网在建工程项目多节点动态管控模型中的缺陷动态预警模型，建设、投资与成本进度跟踪管控模型和阶段动态考核评价模型，对电网在建工程项目实施阶段的各个关键节点进行事前预警、事中监控、事后评价。

第三步：偏差分析判断。经过多节点动态管控模型分析，如果在建工程项目执行过程中出现偏差，则必须认真分析偏差产生的原因及其对后续施工建设工作的影响，进入第四步。如若没有偏差，则进入第五步。

第四步：对后期工作做出安排。如果产生的问题或者偏差影响到后续施工建设工作，则必须在确定计划可以调整范围和后续工作的制约条件的情况下及时采取措施进行调整，以确保电网在建工程项目建设目标得到实现。

第五步：多节点动态管控反馈分析。采用雷达图分析方法对电网在建工程项目各节点的三个管控维度的分析结果进行综合对比分析，并从反馈维度将分析结果反馈到工程动态管控当中。

第六步：实施调整后的施工计划。当对电网在建工程项目的施工计划进行调整之后，则应执行新的施工计划，并继续跟踪监控下一个工程关键节点的实际执行情况。

## 3.2  电网在建工程项目缺陷动态预警模型

预警是对不利的突发事件进行合理评估，了解该类不利事件可能会引发的危机及影响，以便做出相应应变准备及预案的过程。

电网在建工程项目是一个复杂的系统，对其产生影响的因素以不同的形式存在着，带来的影响程度也存在差异。电网在建工程项目缺陷动态预警就是基于电网在建工程项目管控影响因素分析，建立一套电网在建工程项目缺陷动态预警指标体系，采用 AHP—端点混合灰色三角白化权函数构建电网在建工程项目缺陷动态预警模型，对电网在建工程项目不同节点的实施状态进行动态监控，识别威胁在建工程项目实施状态的源头所在，做到及时发现问题，快速处理问题，控制危险事态的进一步发展，以减少缺陷的发生或降低缺陷危害程度的过程。它致力于从根本上防止缺陷的形成和爆发，是对电网在建项目发展状态的一种超前的管理。有效的缺陷动态预警管理，能够更好地维护电网在建工程项目的正常进行。电网在建工程项目缺陷动态预警模型思路图如图 3-3 所示。

1. 影响因素识别及分析

对电网在建工程项目实施阶段的管控影响因素进行识别和分析，发现可能对电网在建工程项目实施产生影响的因素，为后续缺陷动态预警指标体系构建提供基础和支撑。

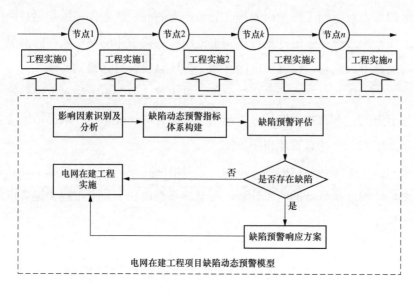

图 3-3 电网在建工程项目缺陷动态预警模型思路图

2. 缺陷动态预警指标体系构建

基于前文电网在建工程项目管控影响因素分析，结合在建工程项目实施阶段各关键节点的任务和特点，构建出电网在建工程项目缺陷动态预警关键指标体系，为下一步的缺陷预警评估做准备。

3. 缺陷预警评估

缺陷预警评估基于在建工程项目缺陷动态预警指标体系，采用评估方法对在建工程项目进行评估，对项目各个节点实施的先决条件做出判断，判断是否存在制约因素，发现在建工程项目可能存在的缺陷。其中，预警评估是预警模型能否发挥应有作用的关键。

4. 缺陷预警判断

对预警指标及预警评估结果进行分析，判断该在建工程项目实施过程中是否存在缺陷。若无缺陷，则继续进行施工工作，若存在缺陷，则到步骤5，实施缺陷预警响应，并将相应方案反馈到工程实施过程中，进行及时调整。

5. 缺陷预警响应

预警可以对状态偏离的指标进行分析和预判，但预警的最终目的在于针

20

对不同类型、程度的预警，制定好缺陷预警响应流程，消除触发缺陷预警的因素，从而起到及时管控的作用。预警发出后，由项目控制管理部门发布预警情况，并依据缺陷预警的级别和类型发送给对应的主管领导，申请主管领导协调处理警情。缺陷预警情况的接收部门定期将情况反馈到预警控制部门。

### 3.2.1 电网在建工程项目缺陷动态预警指标体系

本节基于前文的电网在建工程项目管控影响因素分析，从成本预警、施工准备预警、进度预警、变更管理预警、物资供应预警、环境及安全预警六个方面梳理构建出一套电网在建工程项目缺陷动态预警指标体系，具体见表3-1。

表 3-1　　　　　　　　　　电网在建工程项目缺陷动态预警指标体系

| 目标层 | 准则层 | 指标层 |
|---|---|---|
| 电网在建工程项目缺陷动态预警 | 成本预警 $A_1$ | 成本入账偏差率 $A_{11}$ |
| | | 不合理费用支出率 $A_{12}$ |
| | | 工程量变动费用偏差率 $A_{13}$ |
| | 施工准备预警 $A_2$ | 图纸交付情况 $A_{21}$ |
| | | 技术设备准备情况 $A_{22}$ |
| | 进度预警 $A_3$ | 建设进度偏差率 $A_{31}$ |
| | | 投资进度偏差率 $A_{32}$ |
| | | 进度款支付金额偏差率 $A_{33}$ |
| | 变更管理预警 $A_4$ | 设计变更额占预算比例 $A_{41}$ |
| | | 设计变更规范性 $A_{42}$ |
| | | 合同变更比率 $A_{43}$ |
| | 物资供应预警 $A_5$ | 物资供应偏差率 $A_{51}$ |
| | | 主要材料及设备质量合格率 $A_{52}$ |
| | 环境及安全预警 $A_6$ | 安全措施完备性 $A_{61}$ |
| | | 施工环境条件 $A_{62}$ |

电网在建工程项目缺陷动态预警评估指标众多，既有定性指标，也有定量指标。定量指标可以通过查阅相关工程资料或根据已知工程实施信息进行计算获取，定性指标需要根据在建工程实际情况进行综合评估，采用专家打分法获取相关数据。为了使构建指标体系中各项指标的含义更加明确，下面对电网在建工程项目缺陷动态预警指标体系中的各项指标进行具体说明。

1. 成本预警指标

成本预警指标包括成本入账偏差率、不合理费用支出率和工程量变动费用偏差率三个定量指标。

(1) 成本入账偏差率。成本入账偏差率主要用于评价项目财务成本入账是否按照计划进行，具体表现为项目节点上实际成本入账完成率与计划成本入账完成率之间的差值绝对值。

(2) 不合理费用支出率。不合理费用支出率是指至某施工关键节点，电网在建工程项目的不合理费用支出占实际费用支出的比例，不合理费用支出率的计算公式为

$$A_{12} = \frac{C_1}{C_2} \times 100\% \qquad (3\text{-}1)$$

式中　$A_{12}$——不合理费用支出率；

　　　$C_1$——实际支出费用中的不合理费用；

　　　$C_2$——项目至某一节点的实际支出费用。

(3) 工程量变动费用偏差率。工程量变更费用偏差率主要用来评价工程量清单招标模式下在建工程项目的工程量变化引起的费用变化，该指标计算公式为

$$A_{13} = \left| \frac{W_2 - W_1}{W_1} \right| \times 100\% \qquad (3\text{-}2)$$

式中　$A_{13}$——工程量变更费用偏差率；

　　　$W_1$——工程项目招标工程量的费用；

　　　$W_2$——工程项目确认竣工工程量的费用。

2. 施工准备预警指标

施工准备预警指标主要包括图纸交付情况和技术设备准备情况两个定性指标。

(1) 图纸交付情况。图纸交付情况主要用于评价施工图纸是否及时到位，施工图纸及到位情况是否影响到在建工程项目的正常施工等。

(2) 技术设备准备情况。技术设备准备情况主要用于评价技术设备是否及时到位，技术设备及到位情况是否影响到在建工程项目的正常施工等。

3. 进度预警指标

进度预警指标包括建设进度偏差率、投资进度偏差率和进度款支付金额偏差率三个定量指标。

（1）建设进度偏差率。建设进度偏差率主要用于评价项目进度是否按照计划进行，具体表现为项目节点上实际建设进度完成率与计划建设进度完成率之间的差值绝对值。

（2）投资进度偏差率。投资进度偏差率主要用于评价阶段投资计划的完成情况，具体表现为实际投资完成率与计划投资完成率之间的差值绝对值。

（3）进度款支付金额偏差率。进度款支付金额偏差率主要用于评价进度款在量和时间节点管理的合理性和科学性，同时也反映了工程进度管理与合同约定的差异。该指标计算公式为

$$A_{33} = \sum_{t=1}^{n} \left| \frac{N_t - N'_t}{N} \right| \times 100\% \qquad (3-3)$$

式中　$A_{33}$——进度款支付金额偏差率；

　　　$t$——进度款支付时间节点；

　　　$n$——进度款支付节点数；

　　　$N$——为应支付的工程进度款总额；

　　　$N_t$——时间节点 $t$ 时应支付的工程进度款；

　　　$N'_t$——时间节点 $t$ 时实际支付的进度款。

4. 变更管理预警指标

变更管理预警指标包括设计变更额占预算比例、设计变更规范性和合同变更比率三个指标。

（1）设计变更额占预算比例。设计变更额占预算比例主要用于评价工程项目的变更情况，具体表现为工程设计变更金额绝对值与项目预算投资的比值，该指标越小，说明设计变更越小，前期准备工作的准确性越高，反之则表明前期准备工作的准确性越低。

设计变更额占预算比例的计算公式为

$$A_{41} = \frac{P_1}{P_2} \times 100\% \qquad (3-4)$$

式中　$A_{41}$——设计变更额占预算比例；

$P_1$——项目设计变更金额；

$P_2$——项目预算金额。

（2）设计变更规范性。设计变更管理是工程项目管控中重要的一环，加强设计变更管理是合理控制工程造价的有效途径。设计变更规范性主要用于评价工程建设过程中设计变更工作是否严格执行相关设计变更管理规定，设计变更的整个工作流程是否具有规范等。

（3）合同变更比率。合同变更比率指标反映工程项目合同变更造成的投资变化幅度，具体表现为各次变动金额的绝对值之和与变动次数的比值，该指标越小，说明合同变更幅度越小，项目前期准备工作的准确性越高，反之则表明准确性越低。其计算公式为

$$A_{43} = \frac{M_1}{M_2} \times 100\%  \tag{3-5}$$

式中　$A_{43}$——合同变更比率；

$M_1$——各次合同变动金额的绝对值之和；

$M_2$——原合同金额总额。

5. 物资供应预警指标

物资供应预警指标包括物资供应执行率以及主要材料及设备质量合格率两个指标。

（1）物资供应偏差率。物资供应偏差率指标主要反映工程建设过程中物资供应计划的执行情况，具体表现为物资供应计划执行进度与物资供应实际执行进度的差值绝对值，物资供应进度延后将严重影响工程建设进度。

（2）主要材料及设备质量合格率。主要材料及设备质量合格率指标主要反映工程建设所需材料、设备的质量情况，用于评价工程项目物资管理水平和供应商产品质量水平。供货质量对工程建设质量和建设进度都具有重要的影响作用。

6. 环境及安全预警指标

安全是一切工程活动的基本保障和前提，本节的安全管理指标以安全措施完备性为代表。保障施工安全能够在一定程度上避免进度延迟、成本增加等情况发生。此外，施工环境也同样会对工程建设状态产生不同程度的影响。

（1）安全措施完备性。安全措施完备性是一个定性指标，需要采用专家打分法进行指标分数确定。该指标可以反映工程施工过程中安全措施是否完备，是否具备完善的安全保障体系，能否避免重大安全事故的发生。

（2）施工环境条件。施工条件的变化将会导致人力、物力、资金和管理等工程要素的系统性调整，因此对在建工程项目缺陷预警时，必须考虑施工环境条件的水平。主要包括施工地质、水文条件、自然环境的变化等。

### 3.2.2 基于 AHP—端点混合灰色三角白化权函数的缺陷动态预警模型构建

#### 1. 层次分析法

层次分析法（AHP）可以将一个复杂的多目标决策问题看作一个系统，然后将评价对象分为目标层、准则层和次准则层，通过专家评判等方法将定性指标量化，从而算出各层次的权重以及综合权重。AHP—灰色三角白化权函数模型首先使用 AHP 计算各项指标的权重。具体计算过程如下。

（1）建立评价目标的递阶层次结构。层次分析法的首要步骤是建立有效的评价指标体系，确定目标的层级结构。具体过程是对评价对象各项因素进行相关关系的分析，再将评价对象分为不同的层次并具体分析，最后建立一个层次分明的指标体系，一般的递阶层次结构如图 3-4 所示。

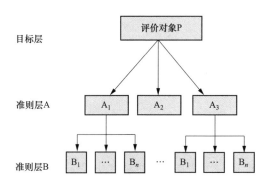

图 3-4 评价指标体系递阶层次结构

（2）构造两两判断矩阵。利用 Saaty 的 1～9 指标标度对各层指标相对于上层指标的重要性程度进行判断，邀请专家分析其影响程度，用标度进行表示。具体的标度含义见表 3-2。

表 3-2                                    AHP 中指标标度的含义

| 标度 | 含　义 |
|------|--------|
| 1 | 反映两个指标具有同等的重要性 |
| 3 | 反映 $A_i$ 和 $A_j$ 两个指标之间，指标 $A_i$ 比另一个指标 $A_j$ 稍微重要 |
| 5 | 反映 $A_i$ 和 $A_j$ 两个指标之间，指标 $A_i$ 比另一个指标 $A_j$ 明显重要 |
| 7 | 反映 $A_i$ 和 $A_j$ 两个指标之间，指标 $A_i$ 比另一个指标 $A_j$ 强烈重要 |
| 9 | 反映 $A_i$ 和 $A_j$ 两个指标之间，指标 $A_i$ 比另一个指标 $A_j$ 极端重要 |
| 2、4、6、8 | 反映以上两个相邻判断的中值 |
| 标度的倒数 | 反映 $A_j$ 和 $A_i$ 两个指标之间的重要性关系 |

层次分析法常常采用标度法对指标进行两两比较，假设有 $n$ 个指标，一般需要进行 $n(n-1)/2$ 次判断，然后得到相应的判断矩阵。判断矩阵常见的形式见表 3-3。其中 $a_{ji}=1/a_{ij}$。

表 3-3                                    两 两 判 断 矩 阵

| $A$ | $A_1$ | $A_2$ | $\cdots$ | $A_{n-1}$ | $A_n$ |
|-----|-------|-------|----------|-----------|-------|
| $A_1$ | $a_{11}$ | $a_{12}$ | $\cdots$ | $a_{1(n-1)}$ | $a_{1n}$ |
| $A_2$ | $a_{21}$ | $a_{22}$ | $\cdots$ | $a_{2(n-1)}$ | $a_{2n}$ |
| $\cdots$ | $\cdots$ | $\cdots$ | $\cdots$ | $\cdots$ | $\cdots$ |
| $A_{n-1}$ | $a_{(n-1)1}$ | $a_{(n-1)2}$ | $\cdots$ | $\cdots$ | $a_{(n-1)n}$ |
| $A_n$ | $a_{n1}$ | $a_{n2}$ | $\cdots$ | $\cdots$ | $a_{nn}$ |

（3）层次单排序和一致性检验。对两两判断矩阵进行计算，得到最大特征值 $\lambda_{max}$ 及其对应的特征向量 $V$，对向量进行归一化即得到同一层次上的指标对于上一层次指标相对重要性的权数，这就是层次单排序的计算过程。

在确定缺陷动态预警指标体系的指标权重时，还要进行一致性检验，只有通过一致性检验，缺陷动态预警指标的权重计算结果才可被认为是有效的。一致性检验步骤如下。

1）计算一致性指标 $CI$ 的具体计算公式为

$$CI = \frac{\lambda_{max} - n}{n-1} \tag{3-6}$$

2）计算一致性比例 $CR$ 的具体计算公式为

$$CR = \frac{CI}{RI} \tag{3-7}$$

式中：$RI$ 为平均随机一致性指标，不同的矩阵阶数对应着不同的数值，具体数据见表 3-4。

表 3-4　　　　　　　　　　　不同矩阵阶数对应的 $RI$ 值

| $n$ | 1 | 2 | 3 | 4 | 5 | 6 | 7 | 8 | 9 |
|-----|---|---|---|---|---|---|---|---|---|
| $RI$ | 0 | 0 | 0.58 | 0.9 | 1.12 | 1.24 | 1.32 | 1.41 | 1.45 |

研究表明，当 $CR<0.1$ 时，表示判断矩阵可以通过一致性检验，权重计算结果是有效的。否则，需要对判断矩阵进行不断修正，直至通过一致性检验为止。

（4）层次总排序。层次单排序是获得各层指标相对于上一级指标的权重。而层次总排序是最低层指标对于总评价目标的权重，即最终的综合权重向量。

假设一个指标体系只有两层指标，以及指标个数为 $N$，权重分别表示为 $A$，$B$，$\cdots$，$N$。二级指标权重则为 $a_1$，$a_2$，$\cdots$ 则二级指标对于总评价目标综合权重值的合成计算方法见表 3-5。

表 3-5　　　　　　　　　　　权　重　合　成　方　法

| 一级指标权重 | 二级指标权重 | 综合权重 |
|:---:|:---:|:---:|
| | $a_1$ | $Aa_1$ |
| $A$ | $a_2$ | $Aa_2$ |
| | $\cdots$ | $\cdots$ |
| | $b_1$ | $B\times b_1$ |
| $B$ | $b_2$ | $B\times b_2$ |
| | $\cdots$ | $\cdots$ |
| $\cdots$ | $\cdots$ | $\cdots$ |
| | $n_1$ | $N\times n_1$ |
| $N$ | $n_2$ | $N\times n_2$ |
| | $\cdots$ | $\cdots$ |

2. 端点混合灰色三角白化权函数评价方法

基于端点混合灰色三角白化权函数是灰色理论的组成部分，主要用于各灰类边界清晰，但是可能属于不同各灰类的点不明的情形。在本文中，考虑到在建工程项目缺陷预警指标大部分不能确定其最优点、较优点等各类的中心点，采用划定区间，即划定各类边界的方式更加便捷适宜，因此采用基于端点混合灰色三角白化权函数评估模型对电网在建工程项目缺陷进行预警评估。

基于端点混合灰色三角白化权函数评估模型建模步骤如下。

（1）按照缺陷动态预警模型所需划分的灰类数，将各个预警指标的取值范围划分为 $S$ 个灰类，如将指标 $j$ 的取值范围 $[a_1, a_{S+1}]$ 划分为 $S$ 个小区间，有

$$[a_1, a_2], \cdots, [a_{k-1}, a_k], \cdots, [a_{S-1}, a_s], [a_S, a_{S+1}]$$

其中：$a_k(k=1,2,\cdots,s,s+1)$ 的值一般可根据电网在建工程项目实际数据或定性评分结果确定。

（2）确定灰类 1、灰类 $S$ 对应的取值区间 $[a_1, a_2]$、$[a_S, a_{S+1}]$ 的转折点 $\lambda_j^1$、$\lambda_j^S$；同时计算各个小区间的集合中点，有

$$\lambda_k = (a_k + a_{k+1})/2 (k = 1, 2, \cdots, S)$$

（3）对于灰类 1 和灰类 $S$，构造相应的下限测度白化权函数 $f_j^1[-, -, \lambda_j^1, \lambda_j^2]$ 和上限测度白化权函数 $f_j^S[\lambda_j^{S-1}, \lambda_j^S, -, -]$。

设 $x$ 为指标 $j$ 的一个观测值，当 $x \in [a_1, \lambda_j^2]$ 或 $x \in [\lambda_j^{S-1}, a_{S+1}]$ 时，可分别由公式

$$f_j^1(x) = \begin{cases} 0 & x \notin [a_1, \lambda_j^2] \\ 1 & x \in [a_1, \lambda_j^1] \\ \dfrac{\lambda_j^2 - x}{\lambda_j^2 - \lambda_j^1} & x \in [\lambda_j^1, \lambda_j^2] \end{cases} \tag{3-8}$$

或

$$f_j^S(x) = \begin{cases} 0 & x \notin [\lambda_j^{S-1}, a_{S+1}] \\ \dfrac{x - \lambda_j^{S-1}}{\lambda_j^S - \lambda_j^{S-1}} & x \in [\lambda_j^{S-1}, a_j^S] \\ 1 & x \in [\lambda_j^S, a_{S+1}] \end{cases} \tag{3-9}$$

计算出其关于灰类 1 和灰类 $S$ 的值 $f_j^1(x)$ 或 $f_j^S(x)$。

（4）对于灰类 $k(k \in 2, 3, \cdots, S-1)$，同时连接点 $(\lambda_j^k, 1)$ 与灰类 $k-1$ 的几何中点 $(\lambda_j^{k-1}, 0)$；对于灰类 1，连接转折点 $(\lambda_j^1, 0)$ 与 $(\lambda_j^k, 1)$；对于灰类 $S$，连接灰类 $k+1$ 的几何中点 $(\lambda_j^{k+1}, 0)$ 与灰类 $S$ 的转折点 $(\lambda_j^S, 0)$。得到 $j$ 指标关于灰类 $k$ 的三角白化权函数 $f_j^k[\lambda_j^{k-1}, \lambda_j^k, -, \lambda_j^{k+1}], j = 1, 2, \cdots, m; k =$

$2,3,\cdots,S-1$。

对于指标 $j$ 的一个观测值 $x$，可由下式计算出其属于灰类 $k(k=1,2,\cdots,S)$ 的值 $f_j^k(x)$，即

$$f_j^S(x)=\begin{cases} 0 & x\notin\left[\lambda_j^{S-1},\lambda_j^{k+1}\right]\\[2mm] \dfrac{x-\lambda_j^{k-1}}{\lambda_j^k-\lambda_j^{k-1}} & x\in\left[\lambda_j^{k-1},a_j^k\right]\\[2mm] \dfrac{x_k^{k+1}-x}{\lambda_j^{k+1}-\lambda_j^k} & x\in\left[\lambda_j^S,\lambda_k^{k+1}\right]\end{cases} \tag{3-10}$$

（5）确定各指标的权重 $\omega_j(j=1,2,\cdots,m)$。

（6）对对象 $i(i=1,2,\cdots,n)$ 关于灰类 $k(k=1,2,\cdots,S)$ 的综合聚类系数 $\sigma_i^k$ 进行计算，即

$$\sigma_i^k=\sum_{j=1}^m f_j^k(x_{ij})\times w_j \tag{3-11}$$

式中　$f_j^k(x_{ij})$——$j$ 指标 $k$ 子类白化权函数；

　　　$w_j$——指标 $j$ 在综合聚类中的权重。

（7）由 $\max\limits_{1\leqslant k\leqslant S}\{\sigma_j^k\}=\sigma_i^{k^*}$ 的准则，判断对象 $i$ 属于灰类 $k^*$；当由多个对象同属于 $k^*$ 灰类时，还可以进一步根据综合聚类系数的大小确定同属于 $k^*$ 灰类的各个对象的优劣或位次。

## 3.3　电网在建工程项目建设、投资与成本进度跟踪管控模型

在建工程项目跟踪管控集中反映在工程的建设进度、投资进度和成本入账进度三个方面。本节选取了工程建设过程中最为关键的三个监控指标，即工程建设进度、投资完成进度、成本入账进度，作为电网在建工程项目跟踪管控的目标，采用 S 形曲线法，对比分析三个目标的计划进度曲线与实际进度曲线，对在建工程项目的关键节点进行跟踪管控，动态把控在建工程项目的实施情况。

### 3.3.1　S 形曲线比较法

S 形曲线比较法是可将在建工程项目实际建设进度与计划建设进度进行对

比控制的一种方法，其横坐标为施工节点时间，纵坐标为累计完成任务量，S形曲线代表电网建设工程项目各关键节点的累计实际完成任务量，如图 3-5 所示。

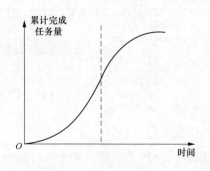

图 3-5　S形曲线比较图

S形曲线比较法能够从图上对电网在建工程项目实际进度与计划进度进行直观比较，结合图 3-6 所示，曲线，可以得到以下信息。

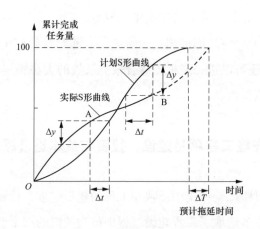

图 3-6　利用 S 形曲线进行进度对比分析

（1）工程项目实际进度比计划进度超前或拖后的时间 $\Delta t$。如在 A 点，则工程进度提前；在 B 点，则工程进度滞后。

（2）工程项目实际进度比计划进度超额或滞后的任务量 $\Delta y$。如在 A 点，实际工程量比计划超额完成了 $\Delta y$；在 B 点，比计划滞后了 $\Delta y$。

（3）预测工程进度。即工程总工期滞后的预测值为 $\Delta T$。

从电网在建工程项目的整个施工过程来看，通常是工程开工和调试、竣工验收等阶段的单位时间工作量较少，中间的土建、电气安装等主要施工阶段单位时间工作量较多，随时间累计得到的电网在建工程项目施工建设进度曲线呈现 S 形变化，因此采用 S 形曲线进行建设、投资与成本进度跟踪管控模型构建较为合适。

### 3.3.2　基于 S 形曲线的建设、投资与成本进度跟踪管控模型构建

电网在建工程项目跟踪管控模型以工程建设进度、投资完成进度、成本入账进度为管控目标，采用 S 形曲线法对比分析三个目标的计划进度曲线与实际进度曲线，实现对在建工程项目关键节点的跟踪管控。

投资完成进度与工程建设进度都来源于分部分项工程现场的实际进度（实物工程量），只是计算和表示方法不同。因此，理论上投资完成进度曲线与工程建设进度曲线均以开工为起点（0%），以工程投产为终点（100%），在工程建设期间基本重合，整体趋势一致，但是有细微差别。

在进行投资完成计算时，按照固定资产投资额计算方法的相关规定，其他费用的计算一般按照财务部门实际支付的金额计算。在工程开工时，项目如果前期费和工程前期费等发生在开工前的其他费用一次性计入投资完成进度，则投资完成进度理论上应超前工程建设进度，尤其是征地补偿费等前期费用占概算比例较大的情况下，差异较大。如果其他费用随工程建设进度按比例分摊入账，则投资完成进度与工程建设进度差异较小。因此，总体上投资完成曲线与施工建设进度曲线是一致的，随时间累计得到的电网在建工程项目施工建设进度曲线是呈现 S 形变化，所以，随时间累计完成的投资完成率也呈 S 形变化。

在成本入账进度中，由于工程开工前的项目前期费用和工程预付款等费用的存在，因此成本入账一般超前于工程建设进度发生。而成本费用中的建筑工程费和安装工程费是按照前一个月的形象进度进行支付的，所以理论上施工费的入账进度与工程建设进度相比，存在一个月的滞后期，因此，在工程建设初期，由于前期费用和工程预付款需要在工程建设期间分摊，因此成本入账进度可能超前工程建设进度；在工程建设中期，随着工程建设进度的不断加快，同时由于施工费的结算存在一个月的滞后期，所以成本入账进度

超前工程建设进度的幅度逐步缩小，直至转变为滞后工程建设进度；但在年末时，由于存在突击结算的现象，因此成本入账进度将会显著提高。但是总体来看，成本入账进度曲线仍与工程建设进度曲线保持一致趋势，总体趋势上仍呈 S 形曲线变化。

在电网在建工程项目施工过程中，将定期检查的工程建设进度、投资完成进度、成本入账进度的实际完成情况，分别与其计划 S 形曲线绘制在同一张图上，可以得出这三个进度管控目标的实际 S 形曲线，如图 3-7 所示。

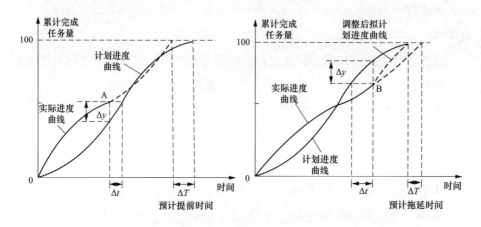

图 3-7  利用 S 形曲线进行电网在建工程项目进度对比分析

分别比较两条 S 形曲线可以得到以下信息。

（1）电网在建工程项目工程建设实际进度、投资完成实际进度、成本入账实际进度比相应计划进度超前或滞后的时间 $\Delta t$。例如，在 A 点，进度提前；在 B 点，则进度拖延。

（2）电网在建工程项目工程建设实际进度、投资完成实际进度、成本入账实际进度比计划进度超额或滞后的实际完成进度 $\Delta y$。例如，在 A 点，比计划超额完成 $\Delta y$；在 B 点，则比计划滞后 $\Delta y$。

（3）预测工程进度及调整。即完成进度超前或拖延预测值；若完成进度提前，则工程整体进度或可超前完成；若完成进度拖延，则在工程成本受限且工期进度允许延迟的情况下，工程进度可以按照预测曲线进行；若工程必须在预定工期内按时完成时，则需追加投资，及时对后期完成计划曲线进行调整，追赶工期，此时在保证工程质量的限定下工程建设成本将会增加。

## 3.4 电网在建工程项目阶段动态考核评价模型

电网在建工程项目具有长期性、动态性和复杂性的特点，对其进行动态控制需要贯穿在工程实施的全部阶段。电网在建工程项目阶段动态考核评价是一个可以对电网在建工程任一时间点或关键节点进行的对工程实施信息的识别、分析、处理和反馈的动态过程。通过对电网在建工程项目实施过程中项目管控情况的系统考核评价和反馈，可以及时发觉工程实施过程中存在的问题，便于电网企业及时采取应对策略，保证电网在建工程项目预期目标的实现。

对电网在建工程项目阶段动态考核评价区别于在项目终点进行的静态评价，该评价是对工程项目在不同关键节点的项目阶段考核动态评价。本书在静态综合评价方法的基础上，引入时间节点维度，构建电网在建工程项目阶段动态考核评价模型，对不同项目在不同节点的项目管理情况进行综合评价。电网在建工程项目阶段动态考核评价模型设计思路如图 3-8 所示。

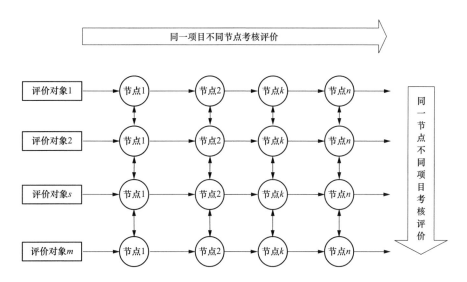

图 3-8 电网在建工程项目阶段动态考核评价模型思路图

由图 3-8 可知，电网在建工程项目阶段动态考核评价模型可以实现对同一在建工程项目不同关键节点的考核评价，进行纵向对比与分析，也可以实现对不同在建工程项目同一关键节点上的考核评价，进行横向对比及排序。

### 3.4.1　电网在建工程项目阶段动态考核评价指标体系

本节基于前文的电网在建工程项目管控影响因素分析，从成本管理考核、质量管理考核、进度管理考核、变更管理考核、物资供应管理考核、安全管理考核和组织管理考核七个方面构建出电网在建工程项目阶段动态考核评价指标体系，具体见表 3-6。

**表 3-6　　　　　　　　电网在建工程项目阶段动态考核评价指标体系**

| 目标层 | 准则层 | 指标层 |
|---|---|---|
| 电网在建工程项目阶段动态考核评价 | 成本管理考核 $B_1$ | 成本控制率 $B_{11}$ |
| | | 不合理费用支出率 $B_{12}$ |
| | | 工程量变动费用偏差率 $B_{13}$ |
| | 质量管理考核 $B_2$ | 工序交接检查规范性 $B_{21}$ |
| | | 分部分项工程质量验收合格率 $B_{22}$ |
| | | 质量控制水平 $B_{23}$ |
| | | 标准工艺执行率 $B_{24}$ |
| | 进度管理考核 $B_3$ | 工期控制率 $B_{31}$ |
| | | 进度款支付金额偏差率 $B_{32}$ |
| | 变更管理考核 $B_4$ | 设计变更额占预算比例 $B_{41}$ |
| | | 设计变更规范性 $B_{42}$ |
| | | 合同变更比率 $B_{43}$ |
| | 物资供应管理考核 $B_5$ | 物资供应偏差率 $B_{51}$ |
| | | 主要材料及设备质量合格率 $B_{52}$ |
| | 安全管理考核 $B_6$ | 安全事故次数 $B_{61}$ |
| | | 安全措施完备性 $B_{62}$ |
| | | 安全控制水平 $B_{63}$ |
| | 组织管理考核 $B_7$ | 施工管理水平 $B_{71}$ |
| | | 监理水平 $B_{72}$ |
| | | 电网公司组织协调水平 $B_{73}$ |

电网在建工程项目阶段动态考核评价指标众多，既有定性指标，也有定量指标。定量指标可以依据电网在建工程项目实际信息进行计算获取，定性指标需要根据在建工程项目实际情况进行评估，主要通过比较在建工程项目的书面

文件，如可行性研究报告、施工过程中相关工作报告、进度报告等，由专家打分将其进行量化评价。为了使构建的评价指标体系中各项评价指标的含义更加明确，下面对电网在建工程项目阶段动态考核评价指标体系中的各项指标进行具体说明。

1. 成本管理考核

成本管理考核指标包括成本控制率、不合理费用支出率和工程量变动费用偏差率三个定量指标。其中，不合理费用支出率和工程量变动费用偏差率已在电网在建工程项目缺陷动态预警指标体系中进行了说明，此处不再赘述。

（1）成本控制率。成本控制率主要用于评价施工过程中成本控制是否符合工程要求，具体表现为电网在建工程项目至某施工节点时，实际支出的费用和计划支出费用相比的控制情况，成本控制率指标的计算公式为

$$B_{11} = \left| \frac{\hat{C} - C_0}{\hat{C}} \right| \times 100\% \qquad (3-12)$$

式中 $B_{11}$——成本控制率；

$\hat{C}$——至某节点计划支出费用；

$C_0$——实际支出费用。

2. 质量管理考核

质量管理考核指标主要包括工序交接检查规范性、分部分项工程质量验收合格率、质量控制水平和标准工艺执行率四个指标。

（1）工序交接检查规范性。工序交接检查规范性主要用于评价施工过程中质量控制是否符合要求，主要包括根据有关验收规定对工序作业进行交接检查验收等。

（2）分部分项工程质量验收合格率。分部分项工程质量验收合格率主要用于评价电网在建工程项目实施过程中的质量控制管理情况及效果，通过对分部分项工程的检查验收，评价在建工程项目实施过程中的工作质量。

（3）质量控制水平。质量是项目管控的首要前提，质量控制水平主要用于评价电网在建工程项目建设过程中的整体质量水平。

（4）标准工艺执行率。标准工艺执行率主要用来评价项目是否严格执行电网公司基建工程工艺标准库的要求，在工程实施过程中是否根据供图进度及时

检查标准工艺执行情况。标准工艺执行率以工序为单位，具体表现为以符合电网公司基建工程工艺标准工序的分数与被检查工序的分数之比，该指标计算公式为

$$B_{24} = \frac{100 - n}{100} \times 100\%$$ (3-13)

式中　$B_{24}$——标准工艺执行率；

　　　$n$——未执行标准工艺规范的扣减分数。

3. 进度管理考核

进度管理考核指标包括工期控制率和进度款支付金额偏差率两个定量指标。其中，进度款支付金额偏差率指标已在电网在建工程项目缺陷动态预警指标体系中进行了说明，此处不再赘述。

工期控制率。工期控制率主要用于评价在建工程项目进度管控情况，该指标计算公式为

$$B_{31} = \left| \frac{T'' - T_0}{T''} \right| \times 100\%$$ (3-14)

式中　$B_{31}$——工期控制率；

　　　$T_0$——实际工期；

　　　$T''$——目标工期。

4. 变更管理考核

变更管理考核指标包括设计变更额占预算比例、设计变更规范性和合同变更比率三个指标。这三个指标已在电网在建工程项目缺陷动态预警指标体系中进行了说明，此处不再赘述。

5. 物资供应管理考核

物资供应水平是否满足工程建设需求，将直接影响工程进度及建设效果，因此本节选取了物资供应偏差率和主要材料及设备质量合格率两个指标作为物资供应管理考核的指标。这两个指标已在电网在建工程项目缺陷动态预警指标体系中进行了说明，此处不再赘述。

6. 安全管理考核

安全是一切工程活动的基本保障和前提，本节的安全管理考核指标包括安全事故次数、安全措施完备性和安全控制水平三个指标。保障施工安全能够在

一定程度上避免进度延迟、成本增加等情况发生。安全措施完备性指标已在电网在建工程项目缺陷动态预警指标体系中进行了说明，此处不再赘述。

（1）安全事故次数。安全事故次数是一个绝对量指标，可以客观地反映电网在建工程项目施工过程中的安全管理水平。

（2）安全控制水平。安全控制水平主要用于评价项目在实施过程中安全保障措施是否按照相关文件的规定要求执行，是否存在安全隐患情况。

7. 组织管理考核

组织管理考核指标包括施工管理水平、监理水平和电网公司组织协调水平三个定性指标。它主要用于评价电网在建工程项目建设过程中组织管理是否达到相关要求。

（1）施工管理水平。施工管理水平主要用于评价项目施工方是否达到项目施工要求，主要包括：项目经理部配置的管理人员的管理水平、经验是否满足项目需求；施工人员数目、资质、经验、技术水平等是否满足电网在建工程项目的实施需求。

（2）监理水平。监理水平主要用于评价电网在建工程项目监理方是否达到项目施工要求，工程监理的资质、经验、专业水平、管理协调能力是否满足工程监理需要；是否能根据施工现场的实际情况及时采取有效措施，保证电网在建工程项目按计划实施。

（3）电网公司组织协调水平。电网公司组织协调水平主要用于评价电网公司是否达到项目施工要求，能否组织、管理、协调在建工程项目各个参与方，使得工程承包商、材料设备供应商、监理单位和各专业、各工种、各工序之间实现良好的互动及相互配合；能否及时解决工程实施过程中出现的种种问题等。

### 3.4.2 基于 AHP—模糊综合评价法的阶段动态考核评价模型构建

1. AHP 确定指标权重

AHP—模糊综合评价模型首先使用 AHP 计算各个指标的权重。具体计算过程已在前文中进行了详细阐述，此处不再赘述。

2. 模糊评价法步骤

模糊综合评价是运用模糊关系合成原理，将不易定量化、边界模糊不清的因素进行定量，依据多个因素的隶属等级状况判断分析评价对象评价结果的一种方法。目前，模糊综合评价模型具有比较广泛的应用，而且在很多方面效果较好。这一模型的建立步骤如下。

（1）建立因素集。根据评价对象所涉及的范围和层次，建立层次型评价指标体系，指标体系中因素层的各元素集合构成因素集 $U=\{U_1,U_2,\cdots,U_n\}$。

（2）建立评语集。根据评价目标，对评价因素的优良程度给出评价等级的集合，具体评价等级的确定需要结合评价对象的具体情况，等级数量与范围的设置没有定则。假设给定了 $N$ 个评价等级，每个等级标准为区间数，具体见表 3-7。

表 3-7                                评价标准等级表

| 一级 | 二级 | … | … | N 级 |
|---|---|---|---|---|
| $[x_1,\ x_2]$ | $[x_3,\ x_4]$ | … | … | $[x_{n-1},\ x_n]$ |

（3）构建模糊关系矩阵。模糊关系矩阵即隶属度矩阵，是在构造等级模糊子集后，依次对评价对象的各个指标进行量化评判，用隶属度大小来表示的矩阵。隶属度代表专家评判的考核评价指标实际隶属于某个等级的程度，取值范围是 $[0,1]$。对于电网在建工程项目阶段动态考核评价的定性指标，评分标准采用的是专家打分法，将模糊评判矩阵表示为 $R$。

（4）确定评价因素的权重。将前文采用层次分析法计算出的电网在建工程项目阶段动态考核评价指标体系中因素的权向量用 $w=(w_1,w_2,\cdots,w_n)$ 表示。

（5）利用模糊矩阵合成运算进行综合评价。评价指标和评价对象之间的模糊关系用权重向量表示，通过合成计算得到评价指标与评语集之间的关系，设模糊关系表示为 $B$，则计算公式为

$$B = w \cdot R \tag{3-15}$$

根据最大隶属度原则，将 $B$ 中最大值所对应的评价等级作为电网在建工程项目阶段动态考核评价的动态考核评价结果，从而对考核评价对象进行阶段考核结果分析。

## 3.5　基于雷达图分析的多节点动态管控反馈分析

雷达图分析法是评价中较为常用的一种对比分析方法，适用于全局性、综合性地评价具有多种属性的分析对象。雷达分析图使用简单，能够直观地分析各因素的权重或评分大小，因而雷达分析图已拓展到各类综合评价模型中，它同样适用于电网在建工程项目多节点动态管控结果的反馈分析。

雷达图分析法具体分为三个步骤：首先是确定待分析的对象指标；然后是收集指标数据；最后绘制雷达图。雷达图具有描述直观、形象等特点，特别适用于电网在建工程项目多节点动态管控这样的多维度分析中。其具体优点如下。

（1）描述直观、形象。雷达图可以在二维平面上直观反映电网在建工程项目各个关键节点的缺陷动态预警，建设、投资与成本进度跟踪和阶段动态考核评价三个管控模型的分析结果，形象展现电网在建工程项目多节点动态管控效果。

（2）实现动态分析。雷达图适用于对比分析，可以实现对不同电网在建工程项目评价对象的横向动态分析，客观展现电网整体的在建工程项目管控现状，分析不同项目之间的管控差距。

（3）方便电网及相关工程管理部门完整、有效地掌握在建工程多节点动态管控效果。雷达图可以对不同关键节点、不同电网在建工程项目、不同管控维度的实际情况进行累积对比，便于电网及项目管理部门完整、有效地掌握全部在建工程的整体状况及管控效果，有针对性地提出应对策略，提高工作效率。

# 第4章　基于过程控制的电网在建工程项目多节点动态管控模型应用分析

电网建设工程项目分类众多，本章仅以天津电网的 A 工程为例，对构建的基于过程控制的电网在建工程项目多节点动态管控模型进行应用分析。其中，通过收集相关工程资料和数据，采用 AHP—端点混合灰色三角白化权函数方法，从事前预警管控维度对 A 工程的土建工程节点、电气安装工程节点和调试节点进行了缺陷动态预警模型应用分析；采用 S 形曲线法，从事中监控管控维度对 A 工程的工程建设进度、投资完成进度、成本入账进度三个进度目标进行进度跟踪管控模型应用分析；采用 AHP—模糊综合评价方法，从事后评价管控维度对 A 工程的土建工程节点、电气安装工程节点和调试节点进行了阶段动态考核评价模型应用分析；最后，基于雷达图分析法实现对 A 工程多节点动态管控结果的反馈应用分析，以实现对电网在建工程项目实施阶段的各个关键节点的动态管控。

## 4.1　电网在建工程项目缺陷动态预警模型应用分析

在变电站施工过程的五个关键节点中，土建工程、电气安装工程和调试阶段是施工阶段主要的三个关键节点，工期长且较容易出现进度、成本、质量、变更、物资供应及安全等方面的问题。因此，本章对电网在建工程项目缺陷动态预警模型应用分析时，以天津电网已竣工的某 110kV 变电站新建工程项目（即 A 工程）的土建工程、电气安装工程和调试这三个关键节点为例进行模型计算。

A 工程于 2015 年列入规划项目库并在 2016 年取得项目核准。该工程新建 110kV 变压站一座，新建 2×50MV·A 变压器，电压变比为 110/10kV；110kV 侧为两段独立单母线接线，两段单母线设一进一出两个间隔；10kV 为两组单母线分段环形接线，出线 24 回；本站设备采用全户内布置方式，进出线均为电缆。A 工程于 2016 年 9 月开工建设，于 2017 年 9 月竣工并投入运行。项目总投资额为 5175.73 万元。

本节采用 AHP—端点混合灰色三角白化权函数方法对 A 工程的土建工程节点、电气安装工程节点和调试节点进行缺陷动态预警模型应用分析，实现对 A 工程三个节点的事前预警。

### 4.1.1 预警指标权重的确定

1. 建立缺陷动态预警评估递阶层次结构

本书在第四章通过对电网在建工程项目管控影响因素的分析，构建了电网在建工程项目缺陷动态预警指标体系，对应 AHP 法的递阶层次结构如图 4-1 所示。

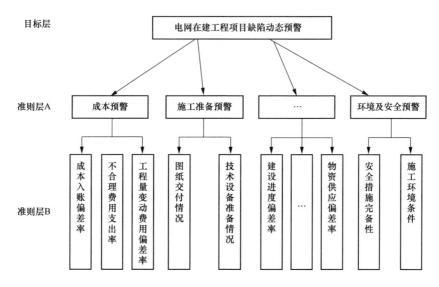

图 4-1 电网在建工程项目缺陷动态预警递阶层次结构

2. 构造各层次两两判断矩阵并进行单层指标排序和一致性检验

邀请专家利用专业知识和现有工程相关资料，对缺陷动态预警各项指标之间的重要性程度进行评判，由于指标体系分为两个等级，所以需要分别对一级指标和二级指标构建判断矩阵。

（1）一级指标。一级指标判断矩阵是专家针对成本预警、施工准备预警、进度预警、变更管理预警、物资供应预警和环境及安全预警对电网在建工程项目缺陷预警评估结果的重要性程度的判断，设矩阵为 $S$，结果见表 4-1。

表 4-1　　　　　　　　　一级指标判断矩阵 $S$ 及权重计算结果

| $S$ | $A_1$ | $A_2$ | $A_3$ | $A_4$ | $A_5$ | $A_6$ | 权重 |
|---|---|---|---|---|---|---|---|
| $A_1$ | 1 | 1/5 | 1/2 | 1/3 | 1/5 | 1/4 | 0.0448 |
| $A_2$ | 5 | 1 | 4 | 3 | 2 | 4 | 0.3729 |
| $A_3$ | 2 | 1/4 | 1 | 1/2 | 1/4 | 1/3 | 0.0674 |
| $A_4$ | 3 | 1/3 | 2 | 1 | 1/3 | 1/2 | 0.1067 |
| $A_5$ | 5 | 1/2 | 4 | 3 | 1 | 2 | 0.2520 |
| $A_6$ | 4 | 1/4 | 3 | 2 | 1/2 | 1 | 0.1562 |

对矩阵 $S$ 进行运算，可以得到最大特征值为 6.2091。通过公式（3-6）计算 $CI=0.0418$，找出不同矩阵阶数对应的 $RI$ 值，最后通过公式（3-7）计算可得 $CR=0.0332$，满足 $CR<0.1$ 的条件，所以矩阵 $S$ 通过一致性检验，一级指标权重向量表示为 $w=(0.0448,0.3729,0.0674,0.1067,0.2520,0.1562)$。

（2）二级指标。二级指标判断矩阵可以分为六个子矩阵，分别是成本入账偏差率、不合理费用支出率和工程量变动费用偏差率三个指标对成本预警的重要性程度判断矩阵，图纸交付情况和技术设备准备情况两个指标对施工准备预警的重要性程度判断矩阵，建设进度偏差率、投资进度偏差率和进度款支付金额偏差率三个指标对进度预警的重要性程度判断矩阵，设计变更额占预算比例、设计变更规范性和合同变更比率三个指标对变更管理预警的重要性程度判断矩阵，物资供应偏差率和主要材料及设备质量合格率两个指标对物资供应预警的重要性程度判断矩阵，以及安全措施完备性和施工环境条件这两个指标对环境及安全预警的重要性程度判断矩阵。六个矩阵分别表示为 $S_1$，$S_2$，$S_3$，$S_4$，$S_5$，$S_6$，判断结果见表 4-2～表 4-7。

表 4-2　　　　　　　　　成本预警指标判断矩阵 $S_1$

| $S_1$ | $A_{11}$ | $A_{12}$ | $A_{13}$ | 权重 | 检验数值 | 一致性检验 |
|---|---|---|---|---|---|---|
| $A_{11}$ | 1 | 2 | 3 | 0.5396 | $\lambda_m=3.0092$ | $CR<0.01$ |
| $A_{12}$ | 1/2 | 1 | 2 | 0.297 | $CI=0.0046$ | 通过一致性检验 |
| $A_{13}$ | 1/3 | 1/2 | 1 | 0.1634 | $CR=0.0088$ | |

表 4-3

表 4-3 施工准备管理指标判断矩阵 $S_2$

| $S_2$ | $A_{21}$ | $A_{22}$ | 权重 | 计算数值 | 一致性检验 |
|---|---|---|---|---|---|
| $A_{21}$ | 1 | 2 | 0.6667 | $\lambda_m = 2$ | $CR = 0$ |
| $A_{22}$ | 1/2 | 1 | 0.3333 | | |

表 4-4 进度预警指标判断矩阵 $S_3$

| $S_3$ | $A_{31}$ | $A_{32}$ | $A_{33}$ | 权重 | 计算数值 | 一致性检验 |
|---|---|---|---|---|---|---|
| $A_{31}$ | 1 | 1/5 | 1/2 | 0.122 | $\lambda_m = 3.0037$ | $CR < 0.01$ |
| $A_{32}$ | 5 | 1 | 3 | 0.6483 | $CI = 0.0018$ | 通过一 |
| $A_{33}$ | 2 | 1/3 | 1 | 0.2297 | $CR = 0.0036$ | 致性检验 |

表 4-5 变更管理指标判断矩阵 $S_4$

| $S_4$ | $A_{41}$ | $A_{42}$ | $A_{43}$ | 权重 | 计算数值 | 一致性检验 |
|---|---|---|---|---|---|---|
| $A_{41}$ | 1 | 1/5 | 2 | 0.1865 | $\lambda_m = 3.0940$ | $CR < 0.01$ |
| $A_{42}$ | 5 | 1 | 4 | 0.687 | $CI = 0.0470$ | 通过一 |
| $A_{43}$ | 1/2 | 1/4 | 1 | 0.1265 | $CR = 0.0904$ | 致性检验 |

表 4-6 物资供应管理指标判断矩阵 $S_5$

| $S_5$ | $A_{51}$ | $A_{52}$ | 权重 | 计算数值 | 一致性检验 |
|---|---|---|---|---|---|
| $A_{51}$ | 1 | 4 | 0.8 | $\lambda_m = 2$ | $CR = 0$ |
| $A_{52}$ | 1/4 | 1 | 0.2 | | |

表 4-7 环境及安全管理指标判断矩阵 $S_6$

| $S_6$ | $A_{61}$ | $A_{62}$ | 权重 | 计算数值 | 一致性检验 |
|---|---|---|---|---|---|
| $A_{61}$ | 1 | 1/3 | 0.75 | $\lambda_m = 2$ | $CR = 0$ |
| $A_{62}$ | 3 | 1 | 0.25 | | |

3. 层次总排序

根据上述计算结果，可以确定电网在建工程项目缺陷动态预警指标体系中的一级指标权重以及二级指标相对于一级指标的权重，然后对所得权重进行综合测算，根据表 3-5 所列权重合成方法，计算可得综合权重。计算结果见表 4-8。

表 4-8 　　 电网在建工程项目缺陷动态预警指标体系指标权重计算结果

| 准则层 | 指标层 | 综合权重 |
|---|---|---|
| 成本管理 $A_1$ | 成本入账偏差率 $A_{11}$ | 0.0082 |
| | 不合理费用支出率 $A_{12}$ | 0.0437 |
| | 工程量变动费用偏差率 $A_{13}$ | 0.0155 |
| 施工准备管理 $A_2$ | 图纸交付情况 $A_{21}$ | 0.2486 |
| | 技术设备准备情况 $A_{22}$ | 0.1243 |
| 进度管理 $A_3$ | 建设进度偏差率 $A_{31}$ | 0.0242 |
| | 投资进度偏差率 $A_{32}$ | 0.0133 |
| | 进度款支付金额偏差率 $A_{33}$ | 0.0073 |
| 变更管理 $A_4$ | 设计变更额占预算比例 $A_{41}$ | 0.0199 |
| | 设计变更规范性 $A_{42}$ | 0.0733 |
| | 合同变更比率 $A_{43}$ | 0.0135 |
| 物资供应管理 $A_5$ | 物资供应偏差率 $A_{51}$ | 0.2016 |
| | 主要材料及设备质量合格率 $A_{52}$ | 0.0504 |
| 环境及安全管理 $A_6$ | 安全措施完备性 $A_{61}$ | 0.1172 |
| | 施工环境条件 $A_{62}$ | 0.0391 |

## 4.1.2 缺陷动态预警分析

1. 数据收集与处理

通过收集相关工程资料和数据，同时结合 A 工程实际开展的施工情况和建设单位的相关要求，采用对比借鉴及统计分析的方法对 A 工程土建工程、电气安装工程和调试三个节点的所有指标进行统计汇总，可以得到 A 工程对应上述三个节点的原始数据。

在缺陷动态预警指标体系中既有定性指标也有定量指标，因此需要对预警指标进行统一的标准化处理。基于电网建设相关标准及规范，考虑工程实际开展情况，以匿名方式向电网工程领域的专家和专业工程师征询预警指标数据标准及标准化处理的相关意见；并对专家意见进行分析汇总并反馈，经过多轮匿名征询和意见反馈，形成最终预警评估指标数据处理标准见表 4-9。其中，对于定性指标是由多位电力工程领域专家打分并汇总确定，指标范围为 0～100，分值越高指标越优。对于定量指标，采用区间等分法计算对应指标分值。

表 4-9　　　　　　电网在建工程项目缺陷动态预警评估指标数据处理标准

| 预警评估指标分值区间 | [0, 70) | [70, 80) | [80, 90) | [90, 100] |
|---|---|---|---|---|
| 成本入账偏差率 $A_{11}$ | [100, 15) | (15, 10] | (10, 5] | (5, 0] |
| 不合理费用支出率 $A_{12}$ | [100, 6) | (6, 3] | (3, 1] | (1, 0] |
| 工程量变动费用偏差率 $A_{13}$ | [100, 10) | (10, 6] | (6, 3] | (3, 0] |
| 图纸交付情况 $A_{21}$ | 施工图纸没有及时到位，严重影响在建工程项目的正常施工 | 施工图纸没有及时到位，对在建工程项目正常施工产生较严重影响 | 施工图纸没有及时到位，但对在建工程项目的正常施工影响较轻 | 施工图纸及时到位，没有影响在建工程项目的正常施工 |
| 技术设备准备情况 $A_{22}$ | 技术设备准备非常不充分，严重影响在建工程项目的正常施工 | 技术设备准备不充分，对在建工程项目正常施工产生较严重影响 | 技术设备准备不充分，但对在建工程项目的正常施工影响较轻 | 技术设备准备充分，没有影响在建工程项目的正常施工 |
| 建设进度偏差率 $A_{31}$ | [100, 15) | (15, 10] | (10, 5] | (5, 0] |
| 投资进度偏差率 $A_{32}$ | [100, 15) | (15, 10] | (10, 5] | (5, 0] |
| 进度款支付金额偏差率 $A_{33}$ | [100, 15) | (15, 10] | (10, 5] | (5, 0] |
| 设计变更额占预算比例 $A_{41}$ | [100, 10) | (10, 6] | (6, 3] | (3, 0] |
| 设计变更规范性 $A_{42}$ | 设计变更的整个工作流程十分不规范，存在多个不合规定之处 | 设计变更的整个工作流程不规范，存在不合规定之处 | 设计变更的整个工作流程较为规范 | 设计变更的整个工作流程十分规范 |
| 合同变更比率 $A_{43}$ | [100, 10) | (10, 6] | (6, 3] | (3, 0] |
| 物资供应偏差率 $A_{51}$ | [100, 10) | (10, 6] | (6, 3] | (3, 0] |
| 主要材料及设备质量合格率 $A_{52}$ | [0.0, 80) | (80, 90] | (90, 96] | (96, 100] |
| 安全措施完备性 $A_{61}$ | 安全措施十分不完备，安全保障体系存在漏洞 | 安全措施较不完备，安全保障体系较不完善 | 安全措施较为完备，具备比较完善的安全保障体系 | 安全措施十分完备，具备十分完善的安全保障体系 |
| 施工环境条件 $A_{62}$ | 施工环境条件非常不利，严重影响在建工程项目的正常施工 | 施工环境条件较为不利，对在建工程项目正常施工产生较严重影响 | 施工环境条件一般，对在建工程项目的正常施工影响较轻 | 施工环境条件非常有利，在建工程项目可以正常施工 |

　　经对工程相关实际数据的统计汇总及电力专家打分，得到 A 工程土建工程、电气安装工程和调试三个节点所有指标的原始数据，具体见表 4-10。

表 4-10　　　　A 工程缺陷动态预警模型应用分析研究原始数据表

| 预警评估指标 | 土建工程 | 电气安装工程 | 调试 |
|---|---|---|---|
| 成本入账偏差率 $A_{11}$（％） | 3.60 | 1.20 | 12.87 |
| 不合理费用支出率 $A_{12}$（％） | 2.20 | 5.20 | 2.40 |
| 工程量变动费用偏差率 $A_{13}$（％） | 2.10 | 11.42 | 1.60 |
| 图纸交付情况 $A_{21}$ | 88 | 84 | 98 |
| 技术设备准备情况 $A_{22}$ | 84 | 78 | 86 |
| 建设进度偏差率 $A_{31}$（％） | 5.00 | 12.79 | 2.00 |
| 投资进度偏差率 $A_{32}$（％） | 4.50 | 13.01 | 2.30 |
| 进度款支付金额偏差率 $A_{33}$（％） | 1.20 | 11.35 | 8.90 |
| 设计变更额占预算比例 $A_{41}$（％） | 12.37 | 8.40 | 1.40 |
| 设计变更规范性 $A_{42}$ | 82 | 84 | 87 |
| 合同变更比率 $A_{43}$（％） | 4.60 | 6.80 | 0.80 |
| 物资供应偏差率 $A_{51}$（％） | 13.80 | 8.40 | 5.40 |
| 主要材料及设备质量合格率 $A_{52}$ | 95 | 90 | 98 |
| 安全措施完备性 $A_{61}$ | 85 | 78 | 86 |
| 施工环境条件 $A_{62}$ | 78 | 81 | 87 |

依据表 4-9 对原始数据进行数据处理，其中，对于定量指标采用区间等分法计算对应指标分值。A 工程土建、电气安装和调试节点处理后的数据表见表 4-11。预警指标评估分值越高，缺陷预警程度就越低，工程项目实施状态就越好。

表 4-11　　　　A 工程缺陷动态预警模型应用分析研究数据处理表

| 预警评估指标 | 土建工程 | 电气安装工程 | 调试 |
|---|---|---|---|
| 成本入账偏差率 $A_{11}$（％） | 92.8 | 97.6 | 74.3 |
| 不合理费用支出率 $A_{12}$（％） | 84.0 | 72.7 | 83.0 |
| 工程量变动费用偏差率 $A_{13}$（％） | 93.0 | 68.9 | 94.7 |
| 图纸交付情况 $A_{21}$ | 88.0 | 84.0 | 98.0 |
| 技术设备准备情况 $A_{22}$ | 84.0 | 78.0 | 86.0 |
| 建设进度偏差率 $A_{31}$（％） | 90.0 | 74.4 | 96.0 |
| 投资进度偏差率 $A_{32}$（％） | 91.0 | 74.0 | 95.4 |
| 进度款支付金额偏差率 $A_{33}$（％） | 97.6 | 77.3 | 82.2 |
| 设计变更额占预算比例 $A_{41}$（％） | 68.2 | 74.0 | 95.3 |
| 设计变更规范性 $A_{42}$ | 82.0 | 84.0 | 87.0 |
| 合同变更比率 $A_{43}$（％） | 84.7 | 78.0 | 97.3 |
| 物资供应偏差率 $A_{51}$（％） | 67.0 | 74.0 | 82.0 |

| 预警评估指标 | 土建工程 | 电气安装工程 | 调试 |
|---|---|---|---|
| 主要材料及设备质量合格率 $A_{52}$（%） | 95.0 | 75.0 | 70.0 |
| 安全措施完备性 $A_{61}$ | 85.0 | 78.0 | 86.0 |
| 施工环境条件 $A_{62}$ | 78.0 | 81.0 | 87.0 |

2. 评价灰类及白化权函数的确定

本节采用 4 个评价灰类："1 级预警""2 级预警""3 级预警""正常"。根据 A 工程指标数据特点，将各指标的取值范围也相应地划分为 4 个灰类，分别为（50，70）、（70，80）、（80，90）、（90，100）。确定各指标对于"1 级预警"灰类的白化权函数为下限测度白化权函数，表示为 $f_j^1[-,-,65,85]$；对于"2 级预警""3 级预警"灰类的白化权函数均为三角白化权函数，分别表示为 $f_j^2[65,75,-,85]$、$f_j^3[75,85,-,95]$；对于"正常"灰类的白化权函数为上限测度白化权函数，表示为 $f_j^4[85,95,-,-]$。

3. 确定评价因素的权重值

根据上文层次总排序的结果，可以确定缺陷预警指标体系指标层的权重向量，即综合权重向量。设权重向量为 $w^*$，则 $w^*$ =（0.0242，0.0133，0.0073，0.2486，0.1243，0.0082，0.0437，0.0155，0.0199，0.0733，0.0135，0.2016，0.0504，0.1172，0.0391）。

4. 求各指标相应灰类的白化权函数值

利用表 4-11 中处理过后的指标数据，利用式（3-8）～式（3-10）分别计算出的 A 工程土建、电气安装和调试三个节点的缺陷动态预警指标相应灰类的白化权函数值见表 4-12～表 4-14。

表 4-12　　A 工程土建节点缺陷动态预警指标相应灰类的白化权函数值

| 预警评估指标 | $f_j^1(x)$ | $f_j^2(x)$ | $f_j^3(x)$ | $f_j^4(x)$ |
|---|---|---|---|---|
| 成本入账偏差率 $A_{11}$ | 0.000 | 0.000 | 0.220 | 0.780 |
| 不合理费用支出率 $A_{12}$ | 0.000 | 0.100 | 0.900 | 0.000 |
| 工程量变动费用偏差率 $A_{13}$ | 0.000 | 0.000 | 0.200 | 0.800 |
| 图纸交付情况 $A_{21}$ | 0.000 | 0.000 | 0.700 | 0.300 |
| 技术设备准备情况 $A_{22}$ | 0.000 | 0.100 | 0.900 | 0.000 |
| 建设进度偏差率 $A_{31}$ | 0.000 | 0.000 | 0.500 | 0.500 |
| 投资进度偏差率 $A_{32}$ | 0.000 | 0.000 | 0.400 | 0.600 |

| 预警评估指标 | $f_j^1(x)$ | $f_j^2(x)$ | $f_j^3(x)$ | $f_j^4(x)$ |
|---|---|---|---|---|
| 进度款支付金额偏差率 $A_{33}$ | 0.000 | 0.000 | 0.000 | 1.000 |
| 设计变更额占预算比例 $A_{41}$ | 0.684 | 0.316 | 0.000 | 0.000 |
| 设计变更规范性 $A_{42}$ | 0.000 | 0.300 | 0.700 | 0.000 |
| 合同变更比率 $A_{43}$ | 0.000 | 0.033 | 0.967 | 0.000 |
| 物资供应偏差率 $A_{51}$ | 0.796 | 0.204 | 0.000 | 0.000 |
| 主要材料及设备质量合格率 $A_{52}$ | 0.000 | 0.000 | 0.000 | 1.000 |
| 安全措施完备性 $A_{61}$ | 0.000 | 0.000 | 1.000 | 0.000 |
| 施工环境条件 $A_{62}$ | 0.000 | 0.700 | 0.300 | 0.000 |

表 4-13 A 工程电气安装节点缺陷动态预警指标相应灰类的白化权函数值

| 预警评估指标 | $f_j^1(x)$ | $f_j^2(x)$ | $f_j^3(x)$ | $f_j^4(x)$ |
|---|---|---|---|---|
| 成本入账偏差率 $A_{11}$ | 0.000 | 0.000 | 0.000 | 1.000 |
| 不合理费用支出率 $A_{12}$ | 0.233 | 0.767 | 0.000 | 0.000 |
| 工程量变动费用偏差率 $A_{13}$ | 0.610 | 0.390 | 0.000 | 0.000 |
| 图纸交付情况 $A_{21}$ | 0.000 | 0.100 | 0.900 | 0.000 |
| 技术设备准备情况 $A_{22}$ | 0.000 | 0.700 | 0.300 | 0.000 |
| 建设进度偏差率 $A_{31}$ | 0.058 | 0.942 | 0.000 | 0.000 |
| 投资进度偏差率 $A_{32}$ | 0.102 | 0.898 | 0.000 | 0.000 |
| 进度款支付金额偏差率 $A_{33}$ | 0.000 | 0.770 | 0.230 | 0.000 |
| 设计变更额占预算比例 $A_{41}$ | 0.100 | 0.900 | 0.000 | 0.000 |
| 设计变更规范性 $A_{42}$ | 0.000 | 0.100 | 0.900 | 0.000 |
| 合同变更比率 $A_{43}$ | 0.000 | 0.700 | 0.300 | 0.000 |
| 物资供应偏差率 $A_{51}$ | 0.100 | 0.900 | 0.000 | 0.000 |
| 主要材料及设备质量合格率 $A_{52}$ | 0.000 | 1.000 | 0.000 | 0.000 |
| 安全措施完备性 $A_{61}$ | 0.000 | 0.700 | 0.300 | 0.000 |
| 施工环境条件 $A_{62}$ | 0.000 | 0.400 | 0.600 | 0.000 |

表 4-14 A 工程调试节点缺陷动态预警指标相应灰类的白化权函数值

| 预警评估指标 | $f_j^1(x)$ | $f_j^2(x)$ | $f_j^3(x)$ | $f_j^4(x)$ |
|---|---|---|---|---|
| 成本入账偏差率 $A_{11}$ | 0.074 | 0.926 | 0.000 | 0.000 |
| 不合理费用支出率 $A_{12}$ | 0.000 | 0.200 | 0.800 | 0.000 |
| 工程量变动费用偏差率 $A_{13}$ | 0.000 | 0.000 | 0.033 | 0.967 |
| 图纸交付情况 $A_{21}$ | 0.000 | 0.000 | 0.000 | 1.000 |
| 技术设备准备情况 $A_{22}$ | 0.000 | 0.000 | 0.900 | 0.100 |
| 建设进度偏差率 $A_{31}$ | 0.000 | 0.000 | 0.000 | 1.000 |
| 投资进度偏差率 $A_{32}$ | 0.000 | 0.000 | 0.000 | 1.000 |

| 预警评估指标 | $f_j^1(x)$ | $f_j^2(x)$ | $f_j^3(x)$ | $f_j^4(x)$ |
|---|---|---|---|---|
| 进度款支付金额偏差率 $A_{33}$ | 0.000 | 0.280 | 0.720 | 0.000 |
| 设计变更额占预算比例 $A_{41}$ | 0.000 | 0.000 | 0.000 | 1.000 |
| 设计变更规范性 $A_{42}$ | 0.000 | 0.000 | 0.800 | 0.200 |
| 合同变更比率 $A_{43}$ | 0.000 | 0.000 | 0.000 | 1.000 |
| 物资供应偏差率 $A_{51}$ | 0.000 | 0.300 | 0.700 | 0.000 |
| 主要材料及设备质量合格率 $A_{52}$ | 0.500 | 0.500 | 0.000 | 0.000 |
| 安全措施完备性 $A_{61}$ | 0.000 | 0.000 | 0.900 | 0.100 |
| 施工环境条件 $A_{62}$ | 0.000 | 0.000 | 0.800 | 0.200 |

5. 计算综合聚类系数

根据表 4-12～表 4-14 中的函数值及计算得出的指标权重，按照式（3-11）可以计算出 A 工程土建、电气安装和调试三个关键节点对于各灰类的综合聚类系数，具体见表 4-15。

**表 4-15**　　　　A 工程不同节点缺陷动态预警综合聚类系数

| 节点 | $\sigma_j^1$ | $\sigma_j^2$ | $\sigma_j^3$ | $\sigma_j^4$ | max $\{\sigma_j^k\}$，$1 \leqslant k \leqslant 4$ |
|---|---|---|---|---|---|
| 土建 | 0.1604 | 0.0412 | 0.1740 | 0.0746 | 0.1740 |
| 电气安装 | 0.0202 | 0.1814 | 0.2237 | 0.0242 | 0.2237 |
| 调试 | 0.0252 | 0.0605 | 0.1411 | 0.2486 | 0.2486 |

6. 将预警结果转化成分值进行分析

设缺陷动态预警得分等级划分为优、良、中、差四个等级，分别对应着 [90，100]、[80，90）、[60，80）、[0，60）的评分区间值，根据表 4-15 中的综合聚类系数，计算得到各节点的缺陷动态预警评估分值为

$$Y_1 = \frac{0.1604 \times 60 + 0.0412 \times 80 + 0.1740 \times 90 + 0.074 \times 100}{0.1604 + 0.0412 + 0.1740 + 0.0746} = 80.1$$

$$Y_1 = \frac{0.0202 \times 60 + 0.1814 \times 80 + 0.2237 \times 90 + 0.0242 \times 100}{0.0202 + 0.1814 + 0.2237 + 0.0242} = 85.2$$

$$Y_1 = \frac{0.0252 \times 60 + 0.0605 \times 80 + 0.1411 \times 90 + 0.2486 \times 100}{0.0252 + 0.0605 + 0.1411 + 0.2486} = 92.4$$

由此可以判断出 A 工程土建节点和电气安装节点的缺陷动态预警评估结果均为"良"，预警级别为"3 级预警"，说明工程项目土建和电气安装节点存在的缺陷问题较轻，对土建工程和电气安装工程的实施产生的影响较轻，但经两者分

值相比，电气安装节点工程实施状态要优于土建节点前的工程状态；调试节点缺陷动态预警评估结果为"优"，预警级别为"正常"，说明工程项目在调试节点的各指标处于正常范围内，项目实施状态良好，对调试阶段施工工作无影响。

## 4.2 电网在建工程项目建设、投资与成本进度跟踪管控模型应用分析

电网在建工程项目建设、投资与成本进度跟踪管控模型在构建时选取了工程建设过程中最为关键的三个指标，即工程建设进度、投资完成进度和成本入账进度，作为电网在建工程项目管控的进度管控目标。因此，下面以A工程土建节点为例，采用S形曲线法，对比分析A工程截止土建阶段三个目标的计划进度曲线与实际进度曲线，对A工程项目实施进度进行跟踪管控。

首先根据工程施工计划，将工程建设进度、投资完成进度、成本入账进度的计划曲线绘制出来。然后对施工实时数据进行收集统计，绘制出A工程的工程建设进度、投资完成进度、成本入账进度三个指标的实际进度曲线，如图4-2～图4-4所示。

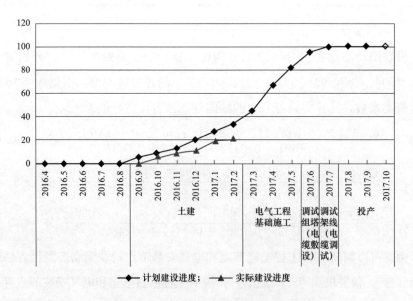

图 4-2 A工程工程建设进度曲线对比

由图 4-2 可以看出，A 工程土建阶段实际工程建设进度整体落后于计划建设进度，在土建阶段结束时，实际工程建设进度与计划建设进度差值绝对值，即建设进度偏差率为 12.79％，对比表 4-9 中的数据标准，得到 A 工程土建阶段建设进度指标得分为 74.4。设进度跟踪管控指标的得分等级划分为优、良、中、差四个等级，分别对应着 [90，100]、[81，90)、[61，80)、[0，60) 的评分区间值，由此可知 A 工程土建阶段的工程建设进度表现为"中"，因此在工程后续工作中，应及时调整建设进度计划，在保证工程质量和不超概算的情况下加快建设进度。

由图 4-3 可以看出，A 工程土建阶段实际投资完成进度整体超前于计划投资完成进度，在土建阶段结束时，实际投资完成进度与计划投资完成进度差值绝对值，即投资进度偏差率为 13.01％，对比表 4-9 中的数据标准，得到 A 工程土建阶段投资完成进度指标得分为 74.0，A 工程土建阶段的工程建设进度表现为"中"。在工程项目管理中，若仅考虑投资完成进度指标，则并不是投资进度完成率越高越好，因此在后续工作中应适当调整投资完成进度。

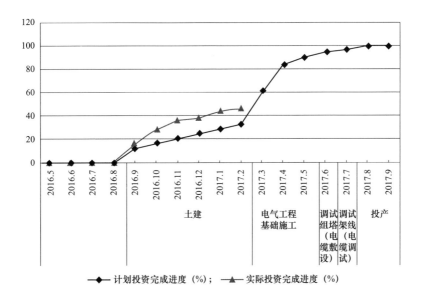

图 4-3  A 工程投资完成进度曲线对比

由图 4-4 可以看出，A 工程土建阶段实际成本入账进度基本符合计划成本入账进度，在土建阶段结束时，实际成本入账进度与计划成本入账进度差值绝对值，即成本入账偏差率为 1.2％，对比表 4-9 中的数据标准，得到 A 工程土建阶段成本入账进度指标得分为 97.6，A 工程土建阶段的成本入账进度表现为"优"。

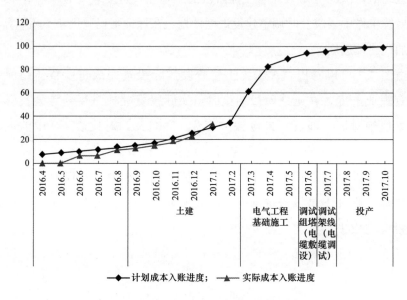

图 4-4    A 工程成本入账进度曲线对比

综合计算工程建设进度、投资完成进度、成本入账进度的指标得分，取平均值得到土建阶段进度跟踪管控综合得分，为 82 分，代表 A 工程土建阶段进度管控工作整体表现为"优"。

## 4.3    电网在建工程项目阶段动态考核评价模型应用分析

本节对电网在建工程项目阶段动态考核评价模型应用分析时，仍以 A 工程的土建工程、电气安装工程和调试三个关键节点为例进行模型计算。

电网在建工程项目阶段动态考核评价模型应用分析是采用 AHP—模糊综合评价法对电网在建工程项目的不同节点、不同项目进行阶段动态考核评价模型应用分析。

通过收集相关工程资料和数据，同时结合 A 工程实际开展的施工情况和建设单位的相关要求，采用对比借鉴及统计分析的方法对 A 工程土建工程、电气安装工程和调试三个节点的所有指标进行统计汇总，并通过向专家提供项目施工相关资料，以匿名方式征询专家意见，对专家意见进行分析汇总、反馈修正；经过多轮匿名征询和意见反馈，形成 A 工程上述三个节点阶段动态考核评价所有指标的最终打分结果。

### 4.3.1 评价指标权重的计算

1. 建立阶段动态考核评价递阶层次结构

本书在第四章通过对电网在建工程项目管控影响因素的分析，构建了电网在建工程项目阶段动态考核评价指标体系，对应的 AHP 法的递阶层次结构如图 4-5 所示。

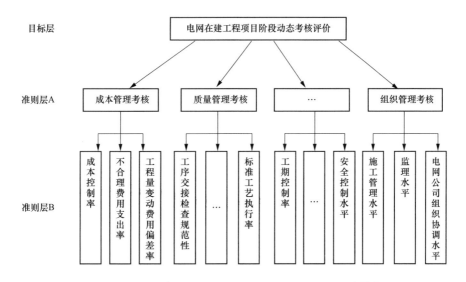

图 4-5 电网在建工程项目阶段动态考核评价递阶层次结构

2. 构造各层次两两判断矩阵并进行单层指标排序和一致性检验

邀请专家利用专业知识和现有工程相关资料，对阶段动态考核评价各个指标之间的重要性程度进行评判，由于指标体系分为两个等级，所以需要分别对一级指标和二级指标构建判断矩阵。

（1）一级指标。一级指标判断矩阵是由专家针对成本管理考核、质量管理考核、进度管理考核、变更管理考核、物资供应管理考核、安全管理考核及组织管理考核对电网在建工程项目阶段动态考核评价结果重要性程度的判断，设矩阵为 $Q$，结果见表4-16。

表4-16　　　　　　　　一级指标判断矩阵 $Q$ 及权重计算结果

| $Q$ | $B_1$ | $B_2$ | $B_3$ | $B_4$ | $B_5$ | $B_6$ | $B_7$ | 权重 |
|---|---|---|---|---|---|---|---|---|
| $B_1$ | 1 | 1/2 | 3 | 5 | 7 | 4 | 6 | 0.2727 |
| $B_2$ | 2 | 1 | 3 | 5 | 7 | 4 | 6 | 0.3301 |
| $B_3$ | 1/3 | 1/3 | 1 | 4 | 6 | 3 | 5 | 0.1677 |
| $B_4$ | 1/5 | 1/5 | 1/4 | 1 | 4 | 1/3 | 3 | 0.0632 |
| $B_5$ | 1/7 | 1/7 | 1/6 | 1/4 | 1 | 1/5 | 2 | 0.0321 |
| $B_6$ | 1/4 | 1/4 | 1/3 | 3 | 5 | 1 | 4 | 0.1029 |
| $B_7$ | 1/6 | 1/6 | 1/5 | 1/2 | 1/2 | 1/4 | 1 | 0.0313 |

对矩阵 $Q$ 进行运算，可以得到最大特征值为7.630。通过式（3-6）计算 $CI$ ＝0.1050，找出不同矩阵阶数对应的 $RI$ 值，最后通过式（3-7）计算可得 $CR$ ＝0.0772，满足 $CR<0.1$ 的条件，所以矩阵 $Q$ 通过一致性检验，一级指标权重向量，表示 $w$ ＝（0.2727，0.3301，0.1677，0.0632，0.0321，0.1029，0.0313）。

（2）二级指标。二级指标判断矩阵可以分为七个子矩阵，分别是成本控制率、不合理费用支出率和工程量变动费用偏差率三个指标对成本管理考核的重要性程度判断矩阵，工序交接检查规范性、分部分项工程质量验收合格率、质量控制水平和标准工艺执行率四个指标对质量管理考核的重要性程度判断矩阵，工期控制率和进度款支付金额偏差率两个指标对进度管理考核的重要性程度判断矩阵，设计变更额占预算比例、设计变更规范性和合同变更比率三个指标对变更管理考核的重要性程度判断矩阵，物资供应偏差率和主要材料及设备质量合格率两个指标对物资供应管理考核的重要性程度判断矩阵，安全事故次数、安全措施完备性和安全控制水平这三个指标对安全管理考核的重要性程度判断矩阵，以及施工管理水平、监理水平和电网公司组织协调水平三个指标对组织管理考核的重要性程度判断矩阵。七个矩阵分别表示为 $Q_1$，$Q_2$，$Q_3$，$Q_4$，$Q_5$，$Q_6$，$Q_7$。判断结果见表4-17～表4-23所示。

表 4-17　　　　　　　　　　成本管理考核指标判断矩阵 $Q_1$

| $Q_1$ | $B_{31}$ | $B_{32}$ | $B_{33}$ | 权重 | 计算数值 | 一致性检验 |
|---|---|---|---|---|---|---|
| $B_{31}$ | 1 | 1/5 | 1/2 | 0.122 | $\lambda_m=3.0037$ | $CR<0.01$ |
| $B_{32}$ | 5 | 1 | 3 | 0.6483 | $CI=0.0018$ | 通过一致性检验 |
| $B_{33}$ | 2 | 1/3 | 1 | 0.2297 | $CR=0.0036$ | |

表 4-18　　　　　　　　　　质量管理考核指标判断矩阵 $Q_2$

| $Q_2$ | $B_{21}$ | $B_{22}$ | $B_{23}$ | $B_{24}$ | 权重 | 计算数值 | 一致性检验 |
|---|---|---|---|---|---|---|---|
| $B_{21}$ | 1 | 1/3 | 4 | 5 | 0.2977 | $\lambda_m=4.2518$ | $CR<0.01$ |
| $B_{22}$ | 3 | 1 | 4 | 5 | 0.5191 | $CI=0.0839$ | |
| $B_{23}$ | 1/4 | 1/4 | 1 | 3 | 0.1205 | $CR=0.0943$ | 通过一致性检验 |
| $B_{24}$ | 1/5 | 1/5 | 1/3 | 1 | 0.0626 | | |

表 4-19　　　　　　　　　　进度管理考核指标判断矩阵 $Q_3$

| $Q_3$ | $B_{11}$ | $B_{12}$ | 权重 | 计算数值 | 一致性检验 |
|---|---|---|---|---|---|
| $B_{11}$ | 1 | 1/2 | 0.6667 | $\lambda_m=2$ | $CR=0$ |
| $B_{12}$ | 2 | 1 | 0.3333 | | |

表 4-20　　　　　　　　　　变更管理指标判断矩阵 $Q_4$

| $Q_4$ | $B_{41}$ | $B_{42}$ | $B_{43}$ | 权重 | 计算数值 | 一致性检验 |
|---|---|---|---|---|---|---|
| $B_{41}$ | 1 | 1/5 | 2 | 0.1865 | $\lambda_m=3.0940$ | $CR<0.01$ |
| $B_{42}$ | 5 | 1 | 4 | 0.687 | $CI=0.0470$ | 通过一致性检验 |
| $B_{43}$ | 1/2 | 1/4 | 1 | 0.1265 | $CR=0.0904$ | |

表 4-21　　　　　　　　　　物资供应管理指标判断矩阵 $Q_5$

| $Q_5$ | $B_{51}$ | $B_{52}$ | 权重 | 计算数值 | 一致性检验 |
|---|---|---|---|---|---|
| $B_{51}$ | 1 | 1/3 | 0.75 | $\lambda_m=2$ | $CR=0$ |
| $B_{52}$ | 3 | 1 | 0.25 | | |

表 4-22　　　　　　　　　　安全管理指标判断矩阵 $Q_6$

| $Q_6$ | $B_{61}$ | $B_{62}$ | $B_{63}$ | 权重 | 计算数值 | 一致性检验 |
|---|---|---|---|---|---|---|
| $B_{61}$ | 1 | 3 | 4 | 0.6144 | $\lambda_m=3.0735$ | $CR<0.01$ |
| $B_{62}$ | 1/3 | 1 | 3 | 0.2684 | $CI=0.0368$ | 通过一致性检验 |
| $B_{63}$ | 1/4 | 1/3 | 1 | 0.1172 | $CR=0.0707$ | |

表 4-23　　　　　　　　　　　　　组织管理指标判断矩阵 $Q_7$

| $Q_7$ | $B_{71}$ | $B_{72}$ | $B_{73}$ | 权重 | 计算数值 | 一致性检验 |
|---|---|---|---|---|---|---|
| $B_{71}$ | 1 | 2 | 3 | 0.5278 | $\lambda_m=3.0536$ | $CR<0.01$ |
| $B_{72}$ | 1/2 | 1 | 3 | 0.3325 | $CI=0.0268$ | 通过一致性检验 |
| $B_{73}$ | 1/3 | 1/3 | 1 | 0.1396 | $CR=0.0515$ | |

3. 层次总排序

根据上述计算结果，可以确定电网在建工程项目阶段动态考核评价指标体系中一级指标权重以及二级指标相对于一级指标的权重，然后对所得权重进行综合测算，根据表 3-5 中的权重合成方法，计算可得综合权重。计算结果见表 4-24。

表 4-24　　　　电网在建工程项目阶段动态考核评价指标体系指标权重计算结果

| 准则层 | 指标层 | 综合权重 |
|---|---|---|
| 成本管理 $B_1$ | 成本控制率 $B_{11}$ | 0.0333 |
| | 不合理费用支出率 $B_{12}$ | 0.1768 |
| | 工程量变动费用偏差率 $B_{13}$ | 0.0626 |
| 质量管理 $B_2$ | 工序交接检查规范性 $B_{21}$ | 0.0983 |
| | 分部分项工程质量验收合格率 $B_{22}$ | 0.1714 |
| | 质量控制水平 $B_{23}$ | 0.0398 |
| | 标准工艺执行率 $B_{24}$ | 0.0207 |
| 进度管理 $B_3$ | 工期控制率 $B_{31}$ | 0.1118 |
| | 进度款支付金额偏差率 $B_{32}$ | 0.0559 |
| 变更管理 $B_4$ | 设计变更额占预算比例 $B_{41}$ | 0.0118 |
| | 设计变更规范性 $B_{42}$ | 0.0434 |
| | 合同变更比率 $B_{43}$ | 0.0080 |
| 物资供应管理 $B_5$ | 物资供应偏差率 $B_{51}$ | 0.0241 |
| | 主要材料及设备质量合格率 $B_{52}$ | 0.0080 |
| 安全管理 $B_6$ | 安全事故次数 $B_{61}$ | 0.0632 |
| | 安全措施完备性 $B_{62}$ | 0.0276 |
| | 安全控制水平 $B_{63}$ | 0.0121 |
| 组织管理 $B_7$ | 施工管理水平 $B_{71}$ | 0.0165 |
| | 监理水平 $B_{72}$ | 0.0104 |
| | 电网公司组织协调水平 $B_{73}$ | 0.0044 |

### 4.3.2 不同节点阶段动态考核评价分析

电网在建工程项目阶段动态考核评价是在考核评价指标体系的基础上，首先确定指标层的权重向量，然后根据考核指标的评价标准确定各项指标的隶属度，进而进行阶段考核模糊综合评价并对结果进行分析。

1. 确定评价对象的因素集

根据第四章中构建的电网在建工程项目阶段动态考核评价指标体系，确定A 工程阶段动态考核评价的因素集，因素集包括成本控制率、不合理费用支出率、工程量变动费用偏差率、工序交接检查规范性、分部分项工程质量验收合格率、质量控制水平、标准工艺执行率、工期控制率、进度款支付金额偏差率、设计变更额占预算比例、设计变更规范性、合同变更比率、物资供应偏差率、主要材料及设备质量合格率、安全事故次数、安全措施完备性、安全控制水平、施工管理水平、监理水平和电网公司组织协调水平这 20 个因素。

2. 构建考核对象的评语集

将考核评价因素的优良程度所对应的评价等级划分为优、良、中、差四个等级，不同等级对应着不同的评分区间值。A 工程阶段动态考核评价等级划分见表 4-25。

表 4-25　　　　　　A 工程阶段动态考核评价指标标准等级表

| 优 | 良 | 中 | 差 |
|---|---|---|---|
| [90, 100] | [81, 90] | [61, 80] | [0, 60] |

3. 构建 A 工程阶段动态考核评价因素模糊关系矩阵 $R$

收集 A 工程的相关数据资料，对成本控制率、不合理费用支出率、工程量变动费用偏差率、工序交接检查规范性、分部分项工程质量验收合格率、质量控制水平、标准工艺执行率、工期控制率、进度款支付金额偏差率、设计变更额占预算比例、设计变更规范性、合同变更比率、物资供应偏差率、主要材料及设备质量合格率、安全事故次数、安全措施完备性、安全控制水平、施工管理水平、监理水平和电网公司组织协调水平这 20 个因素进行分析，邀请电网工程领域专家采用专家打分的方法来确定其隶属度，通过整理数据和专家评判，可以得到 A 工程土建工程、电气安装工程和调试三个节点的阶段动态考核评价因素模糊关系矩阵见表 4-26～表 4-28。

表 4-26　A 工程土建工程节点阶段动态考核评价因素模糊关系矩阵 $R$

| 评价指标 | 优 | 良 | 中 | 差 |
|---|---|---|---|---|
| 成本控制率 $B_{11}$ | 0.250 | 0.375 | 0.250 | 0.125 |
| 不合理费用支出率 $B_{12}$ | 0.300 | 0.500 | 0.200 | 0.000 |
| 工程量变动费用偏差率 $B_{13}$ | 0.300 | 0.400 | 0.200 | 0.100 |
| 工序交接检查规范性 $B_{21}$ | 0.100 | 0.375 | 0.400 | 0.125 |
| 分部分项工程质量验收合格率 $B_{22}$ | 0.250 | 0.500 | 0.250 | 0.000 |
| 质量控制水平 $B_{23}$ | 0.125 | 0.500 | 0.375 | 0.000 |
| 标准工艺执行率 $B_{24}$ | 0.250 | 0.375 | 0.250 | 0.125 |
| 工期控制率 $B_{31}$ | 0.200 | 0.500 | 0.300 | 0.000 |
| 进度款支付金额偏差率 $B_{32}$ | 0.000 | 0.625 | 0.250 | 0.125 |
| 设计变更额占预算比例 $B_{41}$ | 0.125 | 0.250 | 0.500 | 0.125 |
| 设计变更规范性 $B_{42}$ | 0.250 | 0.500 | 0.250 | 0.000 |
| 合同变更比率 $B_{43}$ | 0.450 | 0.550 | 0.000 | 0.000 |
| 物资供应偏差率 $B_{51}$ | 0.000 | 0.200 | 0.600 | 0.200 |
| 主要材料及设备质量合格率 $B_{52}$ | 0.350 | 0.450 | 0.200 | 0.000 |
| 安全事故次数 $B_{61}$ | 0.200 | 0.800 | 0.000 | 0.000 |
| 安全措施完备性 $B_{62}$ | 0.150 | 0.400 | 0.450 | 0.000 |
| 安全控制水平 $B_{63}$ | 0.325 | 0.450 | 0.125 | 0.100 |
| 施工管理水平 $B_{71}$ | 0.100 | 0.400 | 0.400 | 0.100 |
| 监理水平 $B_{72}$ | 0.200 | 0.600 | 0.100 | 0.100 |
| 电网公司组织协调水平 $B_{73}$ | 0.000 | 0.400 | 0.600 | 0.000 |

表 4-27　A 工程电气安装节点阶段动态考核评价因素模糊关系矩阵 $R$

| 评价指标 | 优 | 良 | 中 | 差 |
|---|---|---|---|---|
| 成本控制率 $B_{11}$ | 0.375 | 0.375 | 0.125 | 0.125 |
| 不合理费用支出率 $B_{12}$ | 0.450 | 0.350 | 0.200 | 0.000 |
| 工程量变动费用偏差率 $B_{13}$ | 0.600 | 0.400 | 0.000 | 0.000 |
| 工序交接检查规范性 $B_{21}$ | 0.100 | 0.400 | 0.400 | 0.100 |
| 分部分项工程质量验收合格率 $B_{22}$ | 0.350 | 0.500 | 0.150 | 0.000 |
| 质量控制水平 $B_{23}$ | 0.250 | 0.500 | 0.250 | 0.000 |
| 标准工艺执行率 $B_{24}$ | 0.250 | 0.375 | 0.250 | 0.125 |
| 工期控制率 $B_{31}$ | 0.450 | 0.450 | 0.100 | 0.000 |
| 进度款支付金额偏差率 $B_{32}$ | 0.250 | 0.625 | 0.000 | 0.000 |

| 评价指标 | 优 | 良 | 中 | 差 |
|---|---|---|---|---|
| 设计变更额占预算比例 $B_{41}$ | 0.550 | 0.450 | 0.000 | 0.000 |
| 设计变更规范性 $B_{42}$ | 0.400 | 0.500 | 0.100 | 0.000 |
| 合同变更比率 $B_{43}$ | 0.650 | 0.350 | 0.000 | 0.000 |
| 物资供应偏差率 $B_{51}$ | 0.000 | 0.450 | 0.350 | 0.200 |
| 主要材料及设备质量合格率 $B_{52}$ | 0.500 | 0.400 | 0.100 | 0.000 |
| 安全事故次数 $B_{61}$ | 0.400 | 0.450 | 0.150 | 0.000 |
| 安全措施完备性 $B_{62}$ | 0.200 | 0.400 | 0.400 | 0.000 |
| 安全控制水平 $B_{63}$ | 0.200 | 0.400 | 0.400 | 0.100 |
| 施工管理水平 $B_{71}$ | 0.200 | 0.600 | 0.100 | 0.100 |
| 监理水平 $B_{72}$ | 0.125 | 0.325 | 0.325 | 0.225 |
| 电网公司组织协调水平 $B_{73}$ | 0.200 | 0.600 | 0.200 | 0.000 |

**表 4-28    A 工程调试节点阶段动态考核评价因素模糊关系矩阵 R**

| 评价指标 | 优 | 良 | 中 | 差 |
|---|---|---|---|---|
| 成本控制率 $B_{11}$ | 0.700 | 0.300 | 0.000 | 0.000 |
| 不合理费用支出率 $B_{12}$ | 0.800 | 0.200 | 0.000 | 0.000 |
| 工程量变动费用偏差率 $B_{13}$ | 0.300 | 0.400 | 0.200 | 0.100 |
| 工序交接检查规范性 $B_{21}$ | 0.400 | 0.375 | 0.125 | 0.100 |
| 分部分项工程质量验收合格率 $B_{22}$ | 0.500 | 0.250 | 0.250 | 0.000 |
| 质量控制水平 $B_{23}$ | 0.450 | 0.325 | 0.225 | 0.000 |
| 标准工艺执行率 $B_{24}$ | 0.375 | 0.325 | 0.200 | 0.100 |
| 工期控制率 $B_{31}$ | 0.500 | 0.300 | 0.200 | 0.000 |
| 进度款支付金额偏差率 $B_{32}$ | 0.350 | 0.525 | 0.125 | 0.000 |
| 设计变更额占预算比例 $B_{41}$ | 0.400 | 0.350 | 0.250 | 0.000 |
| 设计变更规范性 $B_{42}$ | 0.500 | 0.250 | 0.250 | 0.000 |
| 合同变更比率 $B_{43}$ | 0.500 | 0.500 | 0.000 | 0.000 |
| 物资供应偏差率 $B_{51}$ | 0.400 | 0.400 | 0.200 | 0.000 |
| 主要材料及设备质量合格率 $B_{52}$ | 0.350 | 0.550 | 0.100 | 0.000 |
| 安全事故次数 $B_{61}$ | 0.200 | 0.800 | 0.000 | 0.000 |
| 安全措施完备性 $B_{62}$ | 0.150 | 0.450 | 0.400 | 0.000 |
| 安全控制水平 $B_{63}$ | 0.325 | 0.450 | 0.225 | 0.000 |
| 施工管理水平 $B_{71}$ | 0.100 | 0.400 | 0.400 | 0.100 |
| 监理水平 $B_{72}$ | 0.100 | 0.400 | 0.300 | 0.200 |
| 电网公司组织协调水平 $B_{73}$ | 0.000 | 0.400 | 0.600 | 0.000 |

4. 确定评价因素的权重值

根据上文层次总排序的结果，可以确定阶段动态考核评价指标层的权重向

量，即综合权重向量。设权重向量为 $w^*$，则 $w^* = (0.0333, 0.1768, 0.0626,$
$0.0983, 0.1714, 0.0398, 0.0207, 0.1118, 0.0559, 0.0118, 0.0434, 0.008,$
$0.0241, 0.008, 0.0632, 0.0276, 0.0121, 0.0165, 0.0104, 0.0044)$。

5. 利用模糊矩阵的合成运算进行模糊综合评价

使用 4.3.1 节中得出的权重向量和上述三个节点的模糊关系矩阵进行合成
运算，设模糊关系表示为 B，通过式（4-15）计算可得 A 工程不同节点阶段动
态考核隶属度。并根据评语集划分标准将评价结果转换成分值，具体见
表 4-29。

表 4-29　　　　　　　　　A 工程不同节点阶段动态考核隶属度

| 节点 | 优 | 良 | 中 | 差 | 最大隶属度 | 分值 | 排序 |
|---|---|---|---|---|---|---|---|
| 土建 | 0.2085 | 0.4861 | 0.2630 | 0.0425 | 0.4861 | 88 | 3 |
| 电气安装 | 0.3506 | 0.4414 | 0.1757 | 0.0266 | 0.4414 | 90 | 2 |
| 调试 | 0.4759 | 0.3466 | 0.1557 | 0.0219 | 0.4759 | 92.6 | 1 |

由表 4-29 可知，根据隶属度最大原则，A 工程土建节点的考核评价最大
隶属度为 0.4861，对应的等级是良，说明 A 工程土建节点阶段动态考核评价
结果为"良"；A 工程电气安装节点的考核评价最大隶属度为 0.4414，对应的
等级是良，说明 A 工程电气安装节点阶段动态考核评价结果同样为"良"；A
工程调试节点的考核评价最大隶属度为 0.4759，对应的等级是优，说明 A 工
程调试节点阶段动态考核评价结果为"优"。对比三个节点的考核评价分值并
进行排序，可知调试阶段施工及项目管理效果最好，电气安装阶段次之，最差
的是土建阶段。综合考虑整个 A 工程项目实施三个阶段的考核结果，说明 A
工程实施阶段整体情况良好，基本符合工程预期目标。

## 4.3.3　不同项目阶段动态考核评价分析

为了对不同项目阶段动态考核评价进行分析，本书另选了天津电网的两个
110kV 变电站工程与 A 工程进行同节点对比分析，下面简称这两个工程为 B
工程和 C 工程。

由于土建阶段是在建工程项目整个实施阶段中工期最长、管控难度也

60

最大的一个阶段，因此本节从不同项目的角度对在建工程项目阶段动态考核评价分析时，以土建阶段为例进行考核评价对比分析，评价步骤同上节。收集 B 工程和 C 工程的相关数据资料，对电网在建工程项目阶段动态考核评价体系中的 20 个指标因素进行分析，邀请电网工程领域专家采用专家打分的方法来确定其隶属度，通过整理数据和专家评判，可以得到 B 工程和 C 工程土建节点的阶段动态考核评价因素模糊关系矩阵见表 4-30 和表 4-31。

表 4-30　　B 工程土建节点阶段动态考核评价因素模糊关系矩阵 $R$

| 评价指标 | 优 | 良 | 中 | 差 |
|---|---|---|---|---|
| 成本控制率 $B_{11}$ | 0.300 | 0.400 | 0.200 | 0.100 |
| 不合理费用支出率 $B_{12}$ | 0.300 | 0.500 | 0.200 | 0.000 |
| 工程量变动费用偏差率 $B_{13}$ | 0.300 | 0.400 | 0.200 | 0.100 |
| 工序交接检查规范性 $B_{21}$ | 0.200 | 0.350 | 0.350 | 0.100 |
| 分部分项工程质量验收合格率 $B_{22}$ | 0.400 | 0.400 | 0.150 | 0.000 |
| 质量控制水平 $B_{23}$ | 0.525 | 0.350 | 0.125 | 0.000 |
| 标准工艺执行率 $B_{24}$ | 0.250 | 0.375 | 0.250 | 0.125 |
| 工期控制率 $B_{31}$ | 0.350 | 0.450 | 0.200 | 0.000 |
| 进度款支付金额偏差率 $B_{32}$ | 0.125 | 0.625 | 0.250 | 0.000 |
| 设计变更额占预算比例 $B_{41}$ | 0.125 | 0.250 | 0.500 | 0.125 |
| 设计变更规范性 $B_{42}$ | 0.550 | 0.250 | 0.200 | 0.000 |
| 合同变更比率 $B_{43}$ | 0.450 | 0.550 | 0.000 | 0.000 |
| 物资供应偏差率 $B_{51}$ | 0.000 | 0.200 | 0.600 | 0.200 |
| 主要材料及设备质量合格率 $B_{52}$ | 0.350 | 0.450 | 0.200 | 0.000 |
| 安全事故次数 $B_{61}$ | 0.600 | 0.400 | 0.000 | 0.000 |
| 安全措施完备性 $B_{62}$ | 0.150 | 0.400 | 0.450 | 0.000 |
| 安全控制水平 $B_{63}$ | 0.325 | 0.450 | 0.125 | 0.100 |
| 施工管理水平 $B_{71}$ | 0.100 | 0.400 | 0.400 | 0.100 |
| 监理水平 $B_{72}$ | 0.200 | 0.600 | 0.100 | 0.100 |
| 电网公司组织协调水平 $B_{73}$ | 0.000 | 0.400 | 0.600 | 0.000 |

表 4-31　　C 工程土建节点阶段动态考核评价因素模糊关系矩阵 $R$

| 评价指标 | 优 | 良 | 中 | 差 |
|---|---|---|---|---|
| 成本控制率 $B_{11}$ | 0.125 | 0.250 | 0.375 | 0.250 |
| 不合理费用支出率 $B_{12}$ | 0.100 | 0.250 | 0.450 | 0.200 |
| 工程量变动费用偏差率 $B_{13}$ | 0.300 | 0.400 | 0.200 | 0.100 |

| 评价指标 | 优 | 良 | 中 | 差 |
|---|---|---|---|---|
| 分部分项工程质量验收合格率 $B_{22}$ | 0.000 | 0.250 | 0.500 | 0.250 |
| 质量控制水平 $B_{23}$ | 0.000 | 0.400 | 0.400 | 0.200 |
| 标准工艺执行率 $B_{24}$ | 0.250 | 0.375 | 0.250 | 0.125 |
| 工期控制率 $B_{31}$ | 0.000 | 0.300 | 0.500 | 0.200 |
| 进度款支付金额偏差率 $B_{32}$ | 0.000 | 0.425 | 0.450 | 0.125 |
| 设计变更额占预算比例 $B_{41}$ | 0.000 | 0.250 | 0.600 | 0.150 |
| 设计变更规范性 $B_{42}$ | 0.000 | 0.200 | 0.400 | 0.300 |
| 合同变更比率 $B_{43}$ | 0.100 | 0.550 | 0.350 | 0.000 |
| 物资供应偏差率 $B_{51}$ | 0.000 | 0.200 | 0.600 | 0.200 |
| 主要材料及设备质量合格率 $B_{52}$ | 0.350 | 0.450 | 0.200 | 0.000 |
| 安全事故次数 $B_{61}$ | 0.000 | 0.000 | 0.800 | 0.200 |
| 安全措施完备性 $B_{62}$ | 0.150 | 0.400 | 0.450 | 0.000 |
| 安全控制水平 $B_{63}$ | 0.325 | 0.450 | 0.125 | 0.100 |
| 施工管理水平 $B_{71}$ | 0.000 | 0.400 | 0.500 | 0.100 |
| 监理水平 $B_{72}$ | 0.200 | 0.600 | 0.100 | 0.100 |
| 电网公司组织协调水平 $B_{73}$ | 0.000 | 0.400 | 0.600 | 0.000 |

使用 4.3.1 节中得出的权重向量和上述三个节点的模糊关系矩阵进行合成运算，设模糊关系表示为 B，通过式（3-15）计算可得三个项目的土建节点阶段动态考核隶属度见表 4-32。

表 4-32 不同工程土建节点阶段动态考核隶属度

| 节点 | 优 | 良 | 中 | 差 | 最大隶属度 | 分值 | 排序 |
|---|---|---|---|---|---|---|---|
| A 工程 | 0.2085 | 0.4861 | 0.2630 | 0.0425 | 0.4861 | 88 | 2 |
| B 工程 | 0.3237 | 0.4196 | 0.2160 | 0.0322 | 0.4196 | 89.3 | 1 |
| C 工程 | 0.0694 | 0.2938 | 0.4515 | 0.1811 | 0.4515 | 80.4 | 3 |

由表 4-32 可知，根据隶属度最大原则，A 工程土建节点的考核评价最大隶属度为 0.4861，对应的等级是良，说明 A 工程土建节点阶段动态考核评价结果为"良"；B 工程土建节点的考核评价最大隶属度为 0.4196，对应的等级是良，说明 B 工程土建节点阶段动态考核评价结果为"良"；C 工程土建节点的考核评价最大隶属度为 0.4515，对应的等级是中，说明 C 工程土建节点阶段动态考核评价结果为"中"，该项目施工及工程管理效果较为一般，后续工作应严格把控项目进度及管理水平。对比三个项目同一节点的考核评价分值并

进行排序，可以横向对比分析同类型在建项目之间的差异，便于相关管理部门进行差异化管理，调整阶段工作侧重点，提高整体的项目管理水平。

## 4.4　基于雷达图分析的多节点动态管控反馈应用分析

上文从事前预警、事中监控、事后评价三个管控维度分别对 A 工程实施状态进行了缺陷动态预警模型、进度跟踪管控模型和阶段动态考核评价模型应用分析，模型计算结果见表 4-33。本节结合表 4-33 的管控结果，如图 4-6 和图 4-7 所示，采用雷达图分析法绘制 A 工程多节点动态管控三个管控维度的雷达图，从反馈维度对 A 工程多节点动态管控结果进行反馈分析。

表 4-33　　　　　　　　　A 工程多节点动态管控结果

| 管控维度 | 土建工程 | 电气安装工程 | 调试 |
|---|---|---|---|
| 事前预警 | 80.1 | 85.2 | 92.4 |
| 事中监控 | 82 | 88 | 94 |
| 事后评价 | 88 | 90 | 92.6 |

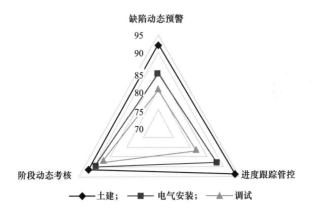

图 4-6　A 工程多节点动态管控三个节点在三个管控维度得分大小雷达图

通过图 4-6 和图 4-7 可以直观衡量 A 工程多节点动态管控在三个管控维度的得分大小，并进一步进行排序对比分析，以便于反馈工程项目管理工作在哪些方面较为优秀，哪些方面仍需不断提高，从而进行有针对性的比较分析及改进。经分析，相较于其他两个节点，A 工程土建阶段的三个管控模型得分均为最低分，说明 A 工程土建阶段的工程实施状态及管理较其他两个节点差，在后续工作中需要重点监控土建阶段的工程实施工作，提高项目管控水平。

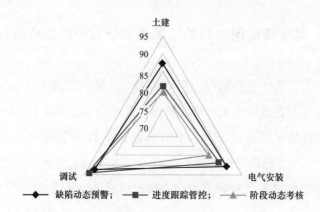

图 4-7　A 工程多节点动态管控三个管控维度在三个节点得分大小雷达图

　　本章以已竣工的 A 工程为例，对上文构建的基于过程控制的多节点动态管控模型进行了应用分析。电网在建工程项目多节点动态管控模型应用分析从事前预警、事中监控、事后评价三个管控维度对缺陷动态预警模型，建设、投资与成本进度跟踪管控模型和阶段动态考核评价模型进行了应用分析，并基于雷达图分析法对电网在建工程项目多节点动态管控结果进行了反馈分析。基于分析结果可以看出，电网在建工程项目多节点动态管控模型具备较好的适用性，可应用于电网在建工程项目的实际工作当中，方便项目管理者综合地、及时地掌握电网在建工程项目的实际进度情况，提高工程项目精益化管理水平。

# 参 考 文 献

[1] 康辉. 基于过程控制的电网在建工程项目动态评价与管控研究 [D]. 北京：华北电力大学，2019.

[2] 刘婷婷. 电网企业基建项目进度风险管理理论研究 [D]. 北京：华北电力大学，2013.

[3] 刘伟. 水利工程项目施工控制初探 [J]. 上海水务，2016 (2)：66-68.

[4] 陈星宇，王小清. 基于 S 型曲线比较法的项目管理 [J]. 中国新技术新产品，2017 (24)：129-131.

[5] 王松. S 曲线进度控制在隧道施工中的应用 [J]. 山西建筑，2013，39 (30)：151-152.

[6] Chao L C, Chien C F. A Model for Updating Project S-curve by Using Neural Networks and Matching Progress [J]. Automation in Construction，2010，19 (1)：84-91.

[7] Zhou Y, Cui X Y. The Applicationof Earned Value Method in Project Investment and Schedule Control [J]. Optimization of Capital Construction，2006，27 (5)：15-17.

[8] 王锋. 电网建设项目全过程进度管理方法研究 [J]. 科技风，2015 (20)：136-136.

[9] 路妍. 基于目标控制的电网工程造价动态管理模型研究 [D]. 北京：华北电力大学，2016.

[10] Ye X. Logisitics cost management based on ABC and EVA integrated mode [C]. IEEE International Conference on Automation and Logistics. IEEE，2011：261-266.

[11] Jin H, Shen L, Wang Z. Mapping the influence of project management on project cost [J]. KSCE Journal of Civil Engineering，2018，22 (9)：3183-3195.

[12] Goh J, Hall N G. Total Cost Control in Project Management via Satisficing [J]. Management Science，2013，59 (6)：1354-1372.

[13] 王金生. 建筑工程造价控制中影响因素及有效措施 [J]. 住宅与房地产，2018 (12)：15.

[14] 王维铭. 电网工程项目全寿命周期投资预警及控制优化研究 [D]. 北京：华北电力大学，2017.

[15] 赵昊鹏. 电网项目投资管理分析及应对措施 [J]. 经济研究导刊, 2013 (9): 39-40.

[16] 卢兆军, 卢志鹏, 王洪伟, 等. 电网工程投资管理模式浅议 [J]. 科技经济导刊, 2016 (7): 186.

[17] 田宏心, 李朝阳. ERP 系统下电网项目"三维度"投资管控模式研究 [J]. 管理观察, 2016 (35): 184-187.

[18] Qazi A, Quigley J, Dickson A, et al. Project Complexity and Risk Management: Towards modelling project complexity driven risk paths in construction projects [J]. International Journal of Project Management, 2016, 34 (7): 1183-1198.

[19] Muriana C, Vizzini G. Project risk management: A deterministic quantitative technique for assessment and mitigation [J]. International Journal of Project Management, 2017, 35 (3): 320-340.

[20] Muriana C, Vizzini G. Project risk management: A deterministic quantitative technique for assessment and mitigation [J]. International Journal of Project Management, 2017, 35 (3): 320-340.

[21] 王超. 基于贝叶斯理论与 ANP 的电网建设项目风险管理研究 [D]. 北京: 华北电力大学, 2015.

[22] 黄新平. 电网建设项目风险识别与应对策略研究 [D]. 北京: 华北电力大学, 2011.

[23] Xing Y, Guan Q. Risk management of PPP project in the preparation stage based on Fault Tree Analysis [J]. IOP Conference Series: Earth and Environmental Science, 2017, 59 (1): 1-9.

[24] Hu J L, Gao X, Liu C, et al. Empirical Study on the Influencing Factors of Power Grid Project Investment Based on BP Neural Network [J]. Engineering Economy, 2017, 27 (10): 15-19.

[25] Lu Y C, Wen W, Zhao B, et al. Analysis on Influence Factors of Power Grid Equipment and Material Price [J]. Electric Power Construction, 2013, 34 (4): 74-78.

[26] Cambini C, Meletiou A, Bompard E, et al. Market and regulatory factors influencing smart-grid investment in Europe: Evidence from pilot projects and implications for reform [J]. UtilitiesPolicy, 2016 (40): 36-47.

[27] 高爽. 输变电工程进度影响因素管控方法研究 [D]. 北京: 华北电力大学, 2016.

[28] 郑盼. 电网工程项目建设质量风险管理研究 [D]. 西南交通大学, 2017.

[29] 邱金鹏. 高海拔区域电网工程造价合理性评价管理研究 [D]. 北京: 华北电力大学,

2017.

[30]　白建国. 电网建设项目可持续性评价模型与应用研究 [D]. 北京：华北电力大学，
2012.

[31]　张博文，姬喜云. 专家评分法在国际工程投标决策中的应用 [J]. 河北工程大学学
报（社会科学版），2004，21（2）：122-123.

[32]　Al-Harbi A S. Application of the AHP in project management [J]. International
Journal of Project Management，2001，19（1）：19-27.

[33]　Singh R P，Nachtnebel H P. Analytical hierarchy process（AHP）application for re-
inforcement of hydropower strategy in Nepal [J]. Renewable & Sustainable Energy
Reviews，2016（55）：43-58.

[34]　Li Y J，Li G F，Kang X，et al. Fuzzy evaluation on competitive power of enterprise
[J]. Journal of Daqing Petroleum Institute，2002，26（1）：87-89.

[35]　冯婉茹，刘永强. 基于灰色综合评价模型的水利工程承包企业信用评价 [J]. 排灌
机械工程学报，2018，36（02）：129-135.

[36]　Fan X Y，Gao F C，He T F，et al. Establishment of an evaluation model for Asphalt
pavement preventive maintenance Based on improved EW-AHP [J]. Journal of High-
way and Transportation Research and Development（English Edition），2017，11
（3）：48-53.

[37]　Pamucar D，Stevic Z，Zavadskas E K. Integration of interval rough AHP and interval
rough MABAC methods for evaluating university web pages [J]. Applied Soft Com-
puting，2018（67）：141-163.

[38]　尹航，李柏洲. 基于 AHP—灰色聚类分析的高新技术成果综合转化价值评价 [J].
运筹与管理，2009（5）：107-15.

[39]　Felix T. S. Chan，N. Kumar，M. K. Tiwari，et al. Global supplier selection：a
fuzzy-AHP approach [J]. International Journal of Production Research，2008，46
（14）：3825-3857.

[40]　王进波. 基于 PDPC 法的工程项目全寿命周期动态管理研究 [D]. 浙江大学，2013.